Web 开发经典丛书

ES 2015/2016 编程实战

[美] JD·艾萨克斯(JD Isaacks) 著

林 赐 译

U0345223

清华大学出版社

北 京

JD Isaacks

Get Programming with JavaScript Next：New features of ECMAScript 2015, 2016, and beyond

EISBN: 978-1-61729-420-4

Original English language edition published by Manning Publications, 178 South Hill Drive, Westampton, NJ 08060 USA. Copyright©2018 by Manning Publications. Simplified Chinese-language edition copyright © 2019 by Tsinghua University Press. All rights reserved.

北京市版权局著作权合同登记号　图字：01-2018-3783

图书在版编目(CIP)数据

ES 2015/2016 编程实战 / (美) JD·艾萨克斯(JD Isaacks) 著；林赐 译. —北京：清华大学出版社，2019

(Web 开发经典丛书)

书名原文：Get Programming with JavaScript Next：New features of ECMAScript 2015, 2016, and beyond

ISBN 978-7-302-51941-6

Ⅰ. ①E… Ⅱ. ①J… ②林… Ⅲ. ①JAVA 语言—程序设计 Ⅳ. ①TP312.8

中国版本图书馆 CIP 数据核字(2018)第 288418 号

责任编辑：王　军
封面设计：孔祥峰
版式设计：思创景点
责任校对：牛艳敏
责任印制：沈　露

出版发行：清华大学出版社
　　　　　网　　　址：http://www.tup.com.cn，http://www.wqbook.com
　　　　　地　　　址：北京清华大学学研大厦 A 座　　　邮　　　编：100084
　　　　　社 总 机：010-62770175　　　　　　　　　邮　　　购：010-62786544
　　　　　投稿与读者服务：010-62776969，c-service@tup.tsinghua.edu.cn
　　　　　质 量 反 馈：010-62772015，zhiliang@tup.tsinghua.edu.cn
印 装 者：三河市国英印务有限公司
经　　销：全国新华书店
开　　本：170mm×240mm　　　印　　张：21.5　　　字　　数：421 千字
版　　次：2019 年 3 月第 1 版　　　印　　次：2019 年 3 月第 1 次印刷
定　　价：69.80 元

产品编号：080076-01

译 者 序

数月来，我一直在贝尔实验室(加拿大)编写一个项目，使用React+Redux+Webpack作为前端，Django作为后端。在项目开发过程中，JavaScript优越的语言特性、强大的功能以及简洁的语法给我留下深刻的印象。遥想初识JavaScript的时候，我还年少，对JavaScript的概念仅停留在给静态页面做一点特效和添加一个按钮上，难登大雅之堂。弹指一挥间，10年过去了，沧海桑田。现如今，JavaScript鲤鱼跃龙门，成为排名第一的编程语言，士别三日，当刮目相看。江海之所以能为百谷王者，以其善下之，故能为百谷王。我想，用这句话来形容JavaScript是恰如其分的。

既是译员，也是程序员，很多人都认为这两个职业相差这么大，要同时做好，并非易事。其实，译员和程序员的工作性质差不多，都是与语言打交道，不同点在于，是与人说话还是与计算机对话。与人说话，输入和输出是非线性的，不管你讲得明白还是不明白，听者都有两种反应——理解和不理解；而与计算机对话，输入和输出是线性的，讲得明白，计算机就能理解，反之亦然。在这几个月里，我白天写代码，晚上翻译，马不停蹄。繁忙工作之余，我也偶尔与友人一起，去踏青、踩春、逛博物馆等，因此对渥太华的感觉也由最初的陌生变成现在的亲切。

渥太华是个宁静又喧哗的城市，开放中带了点含蓄，活泼不缺端庄，古典不失浪漫，前卫却又自律。作为首都，渥太华横跨了两个省份，因此严谨一点说，应该称其为渥太华-加蒂诺地区。以渥太华河南岸的国会山为中心，跨过Alexandra桥就到了魁北克省的加蒂诺地区，加蒂诺公园是渥太华居民经常远足、郊游、赏枫的好去处。国会山向西开车大约30分钟，就到了具有北方硅谷之称的Kanata，这为渥太华成为世界著名的通信研究中心奠定了基础，而距离国会山向南不到1公里的地方，就是加拿大最古老的全球最大的英法双语大学：渥太华大学。

不过，渥太华的这点荣誉比起其左右两边的两个大都市又稍逊风骚。渥太华向东，驱车两小时，行驶190公里，就到达仅次于巴黎的第二大法语城市，也就是加拿大的第二大城市蒙特利尔。这里自然风光旖旎，城中到处弥漫着一种罗曼蒂克的情调，风情万种的街道和建筑总是惹得游人流连忘返，有"加拿大哈佛"美誉的麦吉尔大学就坐落在这座古朴、端庄的城市。而渥太华以西400公里，经过大约4小时的车程，就来到了加拿大的经济中心多伦多。比起古老的蒙特利尔，后起之秀的多伦多就显得比较有活力，灯红酒绿，加拿大排名第一的多伦多大学就在这个城市。

　　这三所大学在计算机科学方面各领风骚。打个不恰当的比方，如果说麦吉尔大学是 C 语言(以其古老厚重闻名)，多伦多大学是 Java(以规范严谨著称)，那么渥太华大学就是 JavaScript(出生于草根，却以顽强的生命力让人刮目相看)。宝剑锋从磨砺出，梅花香自苦寒来。JavaScript 从诞生之初，在经历了"两军"对峙的最初发展阶段，到现在一统 PC 端、手机端和平板电脑，走过了风雨 20 年。如果说 HTML 是一个温柔端庄的静美人，那么 JavaScript 就是身着铠甲的金装武士，上山捉虎，下海擒龙，披荆斩棘，无往不利。这两种语言一静一动，琴瑟合鸣，珠联璧合，真可谓是天造地设的一双。

　　虽然十几年来，我都在与语言打交道，但是平心而论，我不算是一个积极的语言学习者，无论是自然语言，还是计算机语言，都是如此。我从不为这一点感到骄傲，读者切莫学我。对于学语言，我有一个偏执的理念，就是"用以致学"。语言是一种实践性很强的知识，只有勤于实践，才能写出好代码，理解语言的精妙之处。如果只是蜻蜓点水似地看看书，抄抄代码，这对提高语言的修养没有太大用处。虽然我不能身体力行，但是还要劝勉读者几句，要力学笃行：打牢基础，勤于实践。想成为一名好的程序员，要经过三个阶段：实践、思考、创新。正如《荀子·儒效》中所说，知之不若行之。学至于行而止矣。但学而不思则罔，思而不学则殆。在实践中，我们也要注重思考，寻找技术背后的原理，才能触类旁通，举一反三。不过，如果要百尺竿头，更进一步，仅仅成为知识的搬运工是不够的。掌握了知识之后，我们还应该学会创新，唯有这样，才能长江后浪推前浪，成为社会的中流砥柱。

　　在本序即将结束前，我要特别感谢清华大学出版社，感谢他们对我的信任和理解，把这样一本好书交给我翻译；也要感谢他们为本书的翻译投入了巨大的热情，可谓呕心沥血。没有他们的耐心和帮助，本书不可能顺利付梓。同时，在翻译过程中，我也得到了加拿大友人 Jack Liu 和 Connie Wang 指点迷津，才能为读者提供更贴切的译文。

　　译者才疏学浅，见闻浅薄，言辞多有不足之处，还望谅解并不吝指正。读者如有任何意见和建议，请将反馈信息发送到邮箱 cilin2046@gmail.com，不胜感激。本书主要章节由林赐翻译，参与翻译的还有林凤、王树富、林斌等人。

林　赐

2018 年 08 月 30 日

于渥太华大学

作 者 简 介

JD Isaacks 已经从事编程工作 15 年了，主要使用基于 ECMAScript 的语言。他先前是 The Iron Yard 编码学院的 JavaScript 讲师，喜欢开源，为 React、Backbone 和 D3 等许多热门项目做出了贡献。他也是 Bower.js 和 Moment.js 团队的成员，是最受欢迎的 Sublime Text 软件包之一的 GitGutter 的创建者。

致　谢

我要感谢我的妻子 Christina 和孩子 Talan 和 Jonathan。在我一直努力编写本书时，他们做出了牺牲，我无法抽出时间陪伴他们。我爱他们。

我还要感谢 Manning 出版社，特别是编辑 Dan Maharry、Nick Watts 和 Candace West。我要特别感谢让这本书变得更优秀的审阅者：AïmenSaïhi、Ali Naqvi、Brian Norquist、Casey Childers，Ethien DanielSalinasDomínguez、Fasih Khatib、Francesco Strazzullo、Giancarlo Massari、Laurence Giglio、Matteo Gildone、Michael J. Haller、Michael Jensen、Miguel Paraz、Pierfrancesco D'Orsogna、Richard Ward、Sean Lindsay 和 Ticean Bennett。

序　言

我使用基于 ECMAScript 的语言大约有 15 年了。事实上，我学习的第一种编程语言是 ActionScript(基于 ECMAScript)。当时，我有点沉迷于编程，本来我想成为一名平面设计师。现在，我很高兴我做到了。在初中之前，我一直在画画，使用 Microsoft Paint 逐个像素制作复杂的图画。在高中时，我学习了互动多媒体课程，掌握了 Adobe Photoshop 和 Macromedia Flash。在我发现了 Photoshop 的强大功能后，我再也不想回过头来逐个像素地画画了。使用 Flash，我更进了一步，不再局限于创建静态图像，而是可以创建丰富的动画。

这是 eBaum's World 和 Newgrounds(展示社区 Flash 游戏的网站)的时代。我访问了这些网站，想知道这些游戏是如何创建的。我尝试通过一次次的试验来学会 ActionScript(Flash 的内部语言)，但是我一直没学会，直到我购买了第一本编程书籍。在此之后，我就被迷住了。能够添加交互是一个在创建动画之外的全新维度，就像创建动画是创建静态图像之外的全新维度一样。但这只是我编程旅程的开始。

在职业生涯中，当我学到了比正在使用的技术强大得多的技术后，一般就不会回头。最近，在了解了 ES2015 及更高版本中包含的所有新特性的强大功能之后，我再也不想使用以前的技术了，我希望读者能够理解并支持我的做法。

前　言

《ES 2015/2016 编程实战》的目标受众是那些希望学习 2015 及后续版本中所引入的现代特性的 JavaScript 编程人员。本书并未专注于 ES2015 或 ES2016 的特定版本，而是专注于开发人员将会遇到的最佳新特性，这是开发人员投身到现代 JavaScript 开发环境中应该理解的特性。

本书目标读者

任何程序员，无论其技术水平如何，都可以从本书中获益良多。本书没有讲授“如何编程”。只要读者能够自如地使用经典的 JavaScript 编程，无须成为 JavaScript 专家，就可以阅读并理解此书的内容。

本书的组织方式

本书被分解为内聚性强的几个单元。每个单元围绕特定主题(如函数或异步编码)展开。这些单元都会分成特定主题的课堂，在开始上课之前，为了以正确的方式打开读者的思维，每节课都会从启发式问题开始。在每节课中，都会有快速测试，在读者继续学习之前，帮助确定读者是否理解了本节的核心概念。在每节课结束时，都会有练习帮助读者理解和应用所学习的内容。在每个单元结束时，读者将使用本单元中所学的所有内容构建顶点项目。

关于代码

本书以嵌在正文中的代码清单的形式包含了许多源代码示例。源代码的格式为特殊字体，以便与正文分开。有些时候，代码以粗体显示，以突出显示此代码与本章前面步骤中的代码不同，例如将新的特性添加到现有的代码行中。

在许多情况下，重新格式化了原始的源代码。添加换行符、重新缩进以适应书中狭小的页面空间。在极少数情况下，空间依然不够用，代码清单将使用行继续标记(➥)。

此外，在文本中描述代码时，源代码中的注释通常已移除。在许多代码清单中，都使用代码注释突出重要概念。

本书中使用的代码可以在出版商的网站(https://www.manning.com/books/get-programming-with-javascript-next)或 GitHub(https://github.com/jisaacks/get-programming-jsnext)上获得，也可扫描封底二维码获得。

书籍论坛

本书的购买者可以免费访问由 Manning Publications 运营的私有网络论坛，在这个论坛中，购买者可以对该书发表评论、提出技术问题，从作者和其他用户那里获得帮助。要访问论坛，请访问 https://forums.manning.com/forums/get-programming-with-javascript-next。购买者还可以访问 https://forums.manning.com/forums/about，了解有关 Manning 论坛和行为规则的更多信息。

Manning 承诺为读者提供一个交流的场所，让读者之间以及读者和作者之间能够进行有意义的对话。这不是作者做出的任何具体参与论坛的承诺，作者在论坛上贡献自己的时间和知识仍然是自愿无偿的行为。我们建议读者尝试向作者提出一些具有挑战性的问题，保持作者的兴趣。只要本书还在出版，就可以从出版商的网站上访问论坛和之前讨论的档案。

在线资源

在 https://github.com/tc39/ecma262 上，读者可以与时俱进，了解 JavaScript 的最新特性。在此处，读者可以得知何种特性处在提案流程中的哪个阶段。稍后在本书中，我们将谈论这些阶段和提案的工作机制。

目　　录

第 *1* 课

ECMAScript 规范和提案流程

在本课中，你将了解到 JavaScript 的起源以及 JavaScript 和 ECMAScript 之间的区别。由于本书会介绍 ES2015 以及后续版本中所引入的新特性，因此在本课中，你将了解到人们如何提出 JavaScript 的这些新特性以及这些提案如何成为该语言规范的一部分。

1.1 ECMAScript 简史

在 1995 年，Netscape 创建了最初的 JavaScript。此后，Javascript 被提交给 Ecma 国际进行标准化，在 1997 年，发布了 ECMAScript 的第一个版本。Ecma 国际曾经被称为欧洲计算机制造商协会(The European Computer Manufacturers Association，ECMA)，但是后来更名为"Ecma 国际"，以彰显其全球地位。即使 Ecma 已不再是一个缩写，ECMAScript 仍然使用大写的 ECMA。ECMAScript 发布后，在接下来的两年内，每一年都会发布一个更新的版本。在 1999 年 12 月，发布了 ECMAScript 的第 3 版，通常被称为 ES3。

ECMAScript 的第 4 版(ES4)有了一个根本性的转变，它引入了很多新的概念(如类和接口)，并且是静态类型化的。它没有向后兼容 ES3。这意味着，如果实现 ES4，那么这就可能打破市面上现有的 JavaScript 应用程序。毋庸置疑，大家对 ES4 议论纷纷，Ecma 技术委员会最终分裂，形成一个小委员会，致力于一个小得

多的升级版本，其命名为 ECMAScript 3.1。最终，人们放弃了 ECMAScript 的第 4
版，而 ECMAScript 3.1 更名为 ES5(第 5 版)，并在 2009 年发布。

如果进行一下计数，那么会发现在这个语言的新版本发布之前整整经过了 10
年——尽管新版本的版本号从 3 跃升至 5，但是所进行的更新真的很小。

1.2　ES2015 增加这么多特性的原因

在 2015 年 6 月最终确定了 ECMAScript 的第 6 版。在超过 15 年的时间里，
第 6 版对此语言进行了第一次重大更新。由于网络的格局、网站和网络应用程序
构建的方法都发生了翻天覆地的变化，因此自然出现了许多新的想法，导致了新
语法、操作符、原语和对象的出现，增强了现有的语言，同时也出现了许多非常
可贵的新概念。所有这些内容组成了第 6 版中的重大修订。

第 6 版最初被称为 ES6(现在人们也经常这样称呼)，但是后来被更名为 ES2015，
这与每年发布一个新版本的最初战略一致。因此，于 2016 年 6 月最终敲定的
ECMAScript 的第 7 版最初称为 ES7，而后更名为 ES2016。

每年发布一个新版本的背后想法是，语言是逐渐连续成熟起来的，而无须经
历一个停滞阶段(如 21 世纪初所发生的情形)。这也使得开发人员更容易和更快速
地采用新版本。

1.3　谁决定添加何种特性

在 Ecma International 中有一个称为 TC39 的任务组(HTTP://www.ecma-international.
org/memento/TC39.htm)，这个小组负责开发和维护 ECMAScript 规范。这个小组
的成员大部分来自开发网页浏览器的公司，如 Mozilla、谷歌、微软和苹果，他们
承担着实现规范的使命，也对开发规范充满兴趣。可以在网站 http://tc39wiki.
calculist.org/about/people/上看到 TC39 成员的完整列表。添加 ECMAScript 规范需
要经历一个从阶段 0 到阶段 4 的五阶段的过程。

1.3.1　规范阶段

(1) 阶段 0：稻草人阶段——这个阶段是非正式的，可以任何形式存在；这个
阶段允许任何人为语言的进一步发展添砖加瓦。为了贡献自己的力量，必须是
TC39 的成员或到 Ecma 国际处注册。必须在 https://tc39.github.io/ agreements/
contributor/上注册。一旦注册成功，就可以通过 esdiscuss 邮件列表提出自己的想

法。也可以在 https://esdiscuss.org/ 上查看这些讨论。

(2) 阶段 1：提案——在"稻草人"完成之后，TC39 的成员必须支持所添加的特性，将其推进到下一阶段。这意味着 TC39 成员必须解释为什么所添加的特性能够发挥作用，并描述如果实现了所添加的特性，这种特性有何表现以及看起来如何。

(3) 阶段 2：草案——在这个阶段，所添加特性的规范已经完整，可以进行实验了。如果所提出的想法到达了这个阶段，那么这意味着委员会希望这个特性最终能够集成到语言中。

(4) 阶段 3：候选——在这个阶段，我们认为解决方案已经完整，可以签字同意了。在这个阶段之后再做出改变是很罕见的，并且所做出的改变通常是由于在实现和大量使用这种语言特性之后有了关键性的发现。在经过一段适当的部署时间后，所添加的特性可以安全迈向阶段 4。

(5) 阶段 4：成品——这是最后的阶段；如果所添加的特性到达了这个阶段，这意味着这个特性已准备就绪，可以包括在正式的 ECMAScript 标准规范中了。

如果想要进一步阅读关于 TC39 流程中特定阶段的其他信息，请参阅 https://tc39.github.io/process-document/。

1.3.2　选择某个阶段

有如 Babel(见第 2 课)这样的项目，它允许现在使用未来的 JavaScript 特性。如果要使用这样的工具，那么在项目开始时选择某个合适的阶段可能是一个好主意。如果只希望当前的特性保证出现在下一个版本中，那么阶段 4 是适当的选择。由于阶段 3 中所包含的任何特性最终也很有可能会保留在版本中，因此阶段 3 也是一个很安全的选择。如果选择更靠前的阶段，那么可能要冒在未来这些特性会改变甚至取消的风险。如果你发现某种特性特别有用，那么冒这个风险也是值得的。

可以根据想要使用的特性来决定选择哪个阶段。当然，也可以不使用未正式包括在 ECMAScript 规范中的任何特性。如果想选择某个阶段，那么可以查看以下网址，看看在哪个阶段有何种特性：

- 阶段 0——https://github.com/tc39/ecma262/blob/master/stage0.md
- 阶段 1～3——https://github.com/tc39/proposals/blob/master/README.md
- 阶段 4—— https://github.com/tc39/proposals/blob/master/finished-proposals.md

1.4 本书所讨论的内容

本书的目标读者是那些想快速提升自己，使用最新的 JavaScript 版本(包括 ES2015/ES2016 和后来的版本)提高生产效率的 JavaScript 开发人员。本书重点关注这些版本和提案中最重要、使用最广泛的特性。本书并不打算讲授 JavaScript 或编程基础。读者不需要成为专家级的 JavaScript 程序员，也可以从本书中受益。

由于本书混合讨论了 ES2015、ES2016 的内容，以及所提出的阶段性的特性，因此笔者会定义一些术语，使得读者追踪这些特性变得比较容易。在本书后续章节中，笔者会不加区别地使用 ES2015 和 ES6，当提到这两个词时，指的是 ECMAScript 的第 6 版。同样，笔者也会不加区别地使用 ES2016 和 ES7。可以使用术语 ESNext 来统称 ES2015 和后来的版本，也就是 ES5 后 JavaScript 中的所有新内容。

本课小结

本课学习了 ECMAScript 是 JavaScript 的正式规范，也了解了提案的整个工作过程。第 2 课将介绍如何转编译那些尚未实现的特性，以便可以立即使用它们。

第2课

使用 Babel 转编译

当向 JavaScript 中添加新的特性时，浏览器总是在玩你追我赶的游戏。在 JavaScript 规范得到更新后并且所有现代浏览器实现和支持所有特性之前，中间还需要一段时间。为了使用本书中介绍的所有特性，需要使用本课中涵盖的技术：转编译(transpile)。

2.1　什么是转编译

transpile(转编译)是 translate(转换)和 compile(编译)的混合词。编译器通常将编程语言所书写的代码编译成人类不可理解[1]的机器代码。转编译器是一种特殊的编译器，能够将一种编程语言的源代码转换成另一种编程语言的源代码。

2.1.1　编译成 JavaScript 语言

转编译器的问世已经有一段时间，但是直到在 2009 年推出 CoffeeScript (http://coffeescript.org)后，它们才在 JavaScript 中崭露头角。CoffeeScript 由 Jeremy Ashkenas 创建，是一种编译成 JavaScript 的语言，Jeremy Ashkenas 也因为创建了流行的JavaScript库Underscore和Backbone而声名远扬。CoffeeScript吸收了Ruby、

1　对人而言，就是如此。

Python 和 Haskell 的许多特点,聚焦于 JavaScript 中的"good parts(精华部分)"——由于 Douglas Crockford 的书 *JavaScript: The Good Parts*(O'Reilly Media, 2008)而得到流行。CoffeeScript 通过隐藏用户所指的 JavaScript 的缺点和弱点,只开放比较安全的部分,才达到了这个目标。

但 CoffeeScript 不是 JavaScript 的子集,也不是其超集。它公开了新语法和许多新概念,其中一些启发了 ES2015 中的一些特性,如箭头函数。继 CoffeeScript 成功之后,许多其他的编译成 JavaScript 的语言开始出现,如 ClojureScript、PureScript、TypeScript 和 Elm,此处仅举几例。

没必要将 JavaScript 当成最佳的编译目标语言,但是为了在网络上运行代码,我们也没有其他选择。最近又宣布了一项名为 WebAssembly(通常简称为 wasm)的新技术。对于前端开发而言,WebAssembly 有望成为一种比 JavaScript 更好的编译目标语言。如果 WebAssembly 成功了,那么我们对于在浏览器中运行的语言就有了多种选择。

2.1.2   Babel 的适用场合

此时,你可能会想"转编译器听起来很酷,但谁在乎呢?我阅读的是关于 JavaScript 而不是一种编译成 JavaScript 的语言的书"。其实,转编译器不仅可以将其他语言编译成 JavaScript,它也可以帮助编写 ESNext 代码并在浏览器中使用这些代码。想想看:当其他语言编译成 JavaScript 时,编译的最终结果是得到一个特定版本的 JavaScript,例如 CoffeeScript 的目标编译语言为 ES3。因此,既然一种完全不同的语言可以编译成一个特定版本的 JavaScript,那么把一个版本的 JavaScript 编译成另一个版本的 JavaScript 应该也可以吧?

有几种转编译器可以将 ESNext JavaScript 转换成适合在现代浏览器中执行的版本。最常用的两种是 Traceur 和 Babel。Babel 曾经用来将 ES6 代码转编译成 ES5 代码,所以也被称为 ES6to5,但是在其开始支持所有未来的 JavaScript 特性时,ES6to5 背后的开发团队鉴于 ES6 的名称已正式改为 ES2015,因此将其项目名称改为 Babel。

2.2   配置 Babel 6

Babel 可作为 NPM 包(https://www.npmjs.com/)使用,并且与 Node.js(https://nodejs.org/en/)捆绑在一起。可以从它们的网站下载 Node.js 的安装程序。本书假设安装了版本 4 或更高版本的 Node.js,以及版本 3 或更高版本的 NPM。NPM 捆绑了 Node.js,因此不需要单独进行安装。

为了使用 Babel，需要配置 Node.js 包，这样就可以安装所需要的依赖包。在 Node.js 和 NPM 安装完毕后，打开命令行程序(在 OSX 中为 Terminal.app，在 Windows 中为 cmd.exe)，执行以下 shell 命令来初始化一个新项目(请确保使用项目名称替代占位符 project_name)：[1]

```
$ mkdir project_name
$ cd project_name
$ npm init -y
```

下面逐条分析这些命令。mkdir project_name 用提供的项目名创建一个新目录(文件夹)。cd project_name 从当前目录切换到新创建的项目目录。npm init 将其初始化为一个新项目。-y 参数（标志位）告诉 NPM 无须提问，使用默认配置。

现在，应该可以看到在项目中有一个称为 package.json 的新文件，表明这是一个 Node.js 项目。既然项目已初始化，那么可以配置 Babel 了。执行以下 shell 命令来安装 Babel 的命令行界面：[2]

```
$ npm install babel-cli --save-dev
```

从第 6 版开始，Babel 不进行任何默认转换，对于要应用的任何转换，必须安装插件或进行预置。为了使用插件或预置条件，必须在项目中安装它，并在 Babel 的配置中指定其用法。

Babel 使用名为.babelrc 的特定文件进行配置。必须把这个文件放在项目的根目录中，其内容必须是有效的 JSON 格式。为了指示 Babel 转编译所有的 ES2015 特性，可以使用 ES2015 预置条件。编辑.babelrc 文件，使其内容为：

```
{
    "presets": ["es2015"]
}
```

现在，已告诉 Babel 使用 ES2015 预置条件，同时还必须安装它：

```
$ npm install babel-preset-es2015 --save-dev
```

现在准备转编译一些 ES6 代码，进行测试。首先在项目中添加一个名为 src 的新文件夹，然后在其中添加一个新的 index.js 文件。此时，项目结构如下所示：

```
project_name
└── src
    └── index.js
```

现在，添加一些 ES2015 代码进行转编译。将下面的代码添加到 index.js 文件中：

```
let foo = "bar";
```

现在可以告诉 Babel 转编译源代码。在终端运行下面的命令，如代码清单 2.1 所示。

代码清单 2.1　从 src 文件夹编译成 dist 文件夹

```
$ babel src -d dist
```

运行此命令后，创建了一个名为 dist 的新目录，其中包含了转编译后的代码。让我们详细分析该命令。当指定 babel src 时，是在告诉 Babel 对 src 目录中的内容进行操作。默认情况下，Babel 将转编译后的代码输出到终端。当添加-d <directory_name>时，是在告诉 Babel 将转编译后的代码输出到指定目录。

项目的结构现在如下所示：

```
project_name
├── dist
│   └── index.js
└── src
    └── index.js
```

dist/index.js 文件包含了以下转编译后的代码：

```
"use strict";
var foo = "bar";
```

2.3　本书所需的 Babel 配置

TC39 流程的每个阶段都有一个预置。可以为五个阶段中的任意一个阶段包括一个预置，这样 Babel 就能够将其他代码编译成某个阶段(或更高阶段)的 JavaScript 代码。例如，如果使用 stage-2 预置，就可以使用阶段 2、3 或 4 的特性，但不能使用阶段 0 或 1 的特性。

由于笔者无法预测在读者阅读本书时，每个提案会到达哪个阶段，因此请参阅第 1 课的 TC39 阶段链接，确定需要哪些预置。

另外，可以使用以下.babelrc 预置，在阶段 0 获取一切内容。

代码清单 2.2　Babel 的 stage-0 预置

```
{
    "presets": ["es2015", "stage-0"],
```

```
    "plugins": ["transform-decorators-legacy"],
    "sourceMaps": "inline"
}
```

在代码清单 2.2 中，使用了 ES2015 和 stage-0 预置，这囊括了 ES2015 和现有
提案的所有特性。为了转编译装饰器，还需要包括 transform-decorators-legacy 插
件。最后，要告诉 Babel 包括内联源代码映射，以方便调试。现在，为了让 Babel
使用这些插件和预置，需要安装以下程序：[1]

```
$ npm install babel-preset-es2015 --save-dev
$ npm install babel-preset-stage-0 --save-dev
$ npm install babel-plugin-transform-decorators-legacy --save-dev
```

2.3.1　源代码映射的注意事项

在 Babel 配置中添加了源代码映射部分。读者可能不熟悉源代码映射，其实
它们是为了方便调试精缩的代码而发明的一种技术。为了使应用程序可以更快
加载，大部分生产应用程序都自带了精缩的代码来节省带宽。虽然我们使用源
代码映射将精缩的代码还原为原来的形式，但是精缩的代码对于调试而言是个
噩梦。Compile-to-JavaScript 语言使用源代码映射显示原始语言的源代码，而不是
转编译后的 JavaScript，Babel 也是如此。要了解更多关于源代码映射的知识，请参
阅 http://www.html5rocks.com/en/tutorials/developertools/sourcemaps/。

2.3.2　将 Babel 配置为 NPM 脚本

为了避免重复地告诉 Babel 将某个源文件夹转编译成某个目标文件夹(与代码
清单 2.1 中所做的一样)，可以配置 NPM 脚本来执行这个任务。NPM 脚本的工作
方式其实很简单，如果不熟悉的话，可以在名为 package.json 的 NPM 配置文件中
找到一个特定的脚本部分，通过名称指定可执行的 shell 命令。请参阅 https://docs.
npmjs.com/misc/scripts 获得 NPM 脚本的进一步信息。

在 package.json 文件中，应该已经默认添加了一个测试脚本。打开 package.json
文件，找到脚本部分，其内容如下所示：[2]

```
"scripts": {
    "test": "echo \"Error: no test specified\" && exit 1"
},
```

---

1 可以同一时间安装全部程序，而无须像笔者一样，一次安装一个程序。考虑到书的边距太小，为了
增加易读性，我才这样做。
2 根据操作系统的不同，它看起来可能有所不同。

将 Babel 命令作为脚本添加到文件中，如下所示：

```
"scripts": {
    "test": "echo \"Error: no test specified\" && exit 1",
    "babel": "babel src -d dist",
},
```

不要忘了在测试命令后加逗号。现在，可以输入以下 shell 命令，执行 NPM 脚本：

```
$ npm run babel
```

除了简单易记，也可以随着需求的发展，修改 Babel 脚本，而命令将始终保持不变。

本课小结

本课学习了转编译的概念以及如何利用转编译技术使用 ESNext 特性，也学习了如何配置 Babel 来转编译本书中的代码。

第**3**课

使用 Browserify 捆绑模块

模块是 JavaScript 所添加特性的重要组成部分。正如本课要学习的，模块最本质的特征是将代码分解到单独的文件中，这意味着需要将模块捆绑到一个文件中，因此仅仅转编译对于模块而言是不够的。目前有几种流行的工具可以将 JavaScript 模块捆绑在一起：两种流行的、崭露头角的选择是 Webpack 和 Rollup。本课将使用开始流行的方法中的其中一种——Browserify。

3.1 什么是模块

很多编程语言支持模块化的代码。Ruby 称这些模块化的代码为 gem，Python 称它们为 egg，而 Java 称它们为 package。在 ES2015 引入模块之前，JavaScript 从未官方支持过这个概念。模块是在单个文件中模块化的 JavaScript 代码。由于在这方面，JavaScript 姗姗来迟，因此在 JavaScript 中，人们为了使用模块，创建了许多社区解决方案，最普遍的就是 Node.js 模块。

3.2 模块在 Node.js 中如何工作

Node.js 捆绑 NPM 后就成为一个非常棒的模块系统。NPM 是 Node.js 自带捆绑的节点包管理器(Node Package Manager)。大约有 25 000 个包发布到了 NPM 注册表，每个月都有数十亿的下载量，因此 NPM 成为世界上最丰富的代码生态系统之一。

Node.js 有一种特定的方式来导入和导出模块。当提到 Node.js 类型的模块时，许多人使用术语 CommonJS，这是一种最初称为 ServerJS 的规范，创建这个规范的目的是为了使许多服务器端的 JavaScript 实现都能够共享一个兼容的模块定义。但是只有一种服务器端的 JavaScript 大行其道，即 Node.js，因此没必要标准化模块定义。虽然 Node 的模块定义类似于 CommonJS，并且人们也经常这样称呼 Node.js，但是严格来说，Node.js 不是 CommonJS。

Node.js 中的模块系统允许开发人员将程序分割成封装了逻辑的模块，仅仅公开必要的 API。由于模块只公开了明确导出的内容，因此也就没必要使用直接调用的函数表达式来封装一切。更妙的是，由于模块是唯一可用的导入方式，因此它们不会污染全局名称空间，不会出现意外的命名冲突。

3.3　什么是 Browserify

与 Node.js 在开发过程中所做的一样，Broswerify 是定义模块的工具，然后将模块捆绑成单个文件。Browserify 在入口点(也就是主 JavaScript 文件)处进行操作，分析脚本导入的内容。然后，它遍历所有脚本，最终建立具有所需的所有依赖关系的一棵树。Browserify 将需要的所有模块捆绑在一起，生成单个 JavaScript 文件，同时维持了正确的作用域和名称空间。然后，这个捆绑的 JavaScript 文件可以包括在前端的网页中。这允许前端开发人员编写模块化的 JavaScript，甚至利用在这个丰富的生态系统中发布到 NPM 的所有软件包。由于可以 Node.js 的方式编写代码并在浏览器中使用 Node.js 模块，Browserify 因此得名。

3.4　Browserify 如何协助 ES6 模块

第 2 课学习了 Babel 可以转编译 ESNext 代码，这样就可以在浏览器中执行代码。但是 Babel 不提供模块系统，它只是简单地将 ESNext 源代码转编译成 ES5 目标代码，而让开发人员解决捆绑问题。另一方面，ES2015 确实为 JavaScript 定义了正式的模块规范。如果 Babel 不开放模块加载器，那么如何才能使用 ES2015 模块呢？如果能让 Browserify 和 Babel 一起工作，这样 Babel 可以将 ES2015 模块转编译成 Browserify 能够与之工作的模块，然后 Browserify 可以从 Babel 那里得到这种模块，那会怎么样呢？幸运的是，Browserify 具有变换的概念。变换允许代码在被 Browserify 操作之前进行变换。Babel 有一个称为 babelify 的变换器。在每个文件发送到 Browserify 之前，使用 babelify 进行转编译，这样就可以使用 ES2015 模块。

3.5　让 Browserify 与 Babel 一起工作

现在，读者应该理解了 Browserify 的定义以及它所扮演的角色。让我们来安装 Browerify 吧。

3.5.1　安装 Browserify

首先要全局安装 Browserify。执行以下 shell 命令：

```
$ npm install browserify --global
```

这将在全局范围内安装 Browserify，使得在任何项目中都可以应用 Browserify，而不需要再次安装它，除非要升级到新版本。

3.5.2　使用 babelify 创建项目

现在已安装了 Browserify，因此可以创建一个名为 babelify_example 的新项目。创建名为 babelify_example 的文件夹来放置.babelrc 文件、dist 文件夹和 src 文件夹，其中 src 文件夹中又包含 index.js 和 app.js 文件，所以项目结构如下所示：

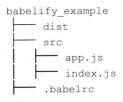

```
babelify_example
├── dist
├── src
│   ├── app.js
│   ├── index.js
├── .babelrc
```

现在，在终端界面，cd(切换目录)到项目的根文件夹，使用 babelify 和在前面的章节中使用的其他 Babel 预置和插件，将项目作为 NPM 项目进行初始化：

```
$ cd babelify_example
$ npm init -y
$ npm install babelify --save-dev
$ npm install babel-preset-es2015 --save-dev
$ npm install babel-preset-stage-0 --save-dev
$ npm install babel-plugin-transform-decorators-legacy --save-dev
```

注意，由于现在使用的是 Browserify 与 babelify，不需要 Babel CLI(命令行界面)，因此没有安装 babel-cli 软件包。在.babelrc 文件中添加在先前课程中所学到的 Babel 配置：

```
{
    "presets": ["es2015", "stage-0"],
    "plugins": ["transform-decorators-legacy"],
    "sourceMaps": "inline"
}
```

现在，使用 Browserify 与 babelify 准备开工！编写一个小模块 check 进行测试。在 app.js 文件中，添加以下代码：

```
const MyModule = {
  check() {
    console.log('Yahoo! modules are working!!');
  }
}

export default MyModule;
```

现在，在 index.js 文件中，添加以下代码：

```
import MyModule from './app';

MyModule.check();
```

太棒了。现在，使用下面的 shell 命令进行捆绑：

```
$ browserify src/index.js --transform babelify --outfile dist/bundle.js
  ➥--debug
```

如果一切设置正确，那么现在在 dist 文件夹中应该包含了一个新的 bundle.js 文件，其中包含了转编译的 JavaScript 代码。下面详细分析这个命令。Browserify 的第一个参数为 src/index.js，它告诉 Browserify 应用程序的入口点，也就是导入其他模块的根 JavaScript 文件，--transform babelify 告诉 Browserify 使用 babelify 变换在捆绑之前将代码进行转编译。--outfile dist/bundle.js 指定了捆绑和转编译代码的目标地址或输出文件。最后，--debug 参数表示将源代码映射包括在内，如果没有这个标志，则不会将源代码映射包括在内。

可以运行下列命令，查看 Browserify 的可用参数列表：

```
$ browserify help
```

现在，使用 Node.js 测试代码。如果从来没有使用 Node.js 执行过 JavaScript，也不要烦恼。因为已经安装了 Node.js，所以告诉 Node.js 执行 JavaScript 与将它指向一个 JavaScript 文件一样简单。因此，执行以下 shell 脚本，告诉 Node 执行转编译过的 bundle.js 文件：

```
$ node dist/bundle.js
```

我们应该会得到以下热情的问候：

```
Yahoo! modules are working!!
```

现在无须担心如何理解模块工作机制的语义。我们将在第 20 课和第 21 课中介绍该内容。就目前而言，应该在浏览器中而不是在 Node 中进行捆绑工作。在项目的根目录下，创建包含以下内容的 index.html 文件：

```
<!DOCTYPE html>
<html>
<head>
  <title>Babelify Example</title>
</head>
<body>
  <h1>Hello, ES6!</h1>
  <script src="dist/bundle.js"></script>
</body>
</html>
```

现在，在 Web 浏览器中打开 index.html。查看控制台，如果使用的是 Google Chrome，则选择 Menu | More Tools | Developer Tools，然后选择 Console 选项卡。在控制台中，应该看到相同的内容(Yahoo! modules are working!!)。

下面回顾一下到目前为止我们做了什么。

(1) 创建了一个包含 check 方法的模块，在 app.js 中记录了一条日志消息。

(2) 在 index.js 中，导入该模块并调用 check 方法。

(3) 使用 Browserify 和 Babel 转编译和捆绑 JavaScript。

(4) 然后将捆绑的代码包括在 HTML 页面中，看到它可以工作。

这囊括了执行本书中的代码所需的所有步骤。其余章节将假定读者已经知道如何执行示例。

每次改变源文件时，都不要忘了重新编译(执行 browserify 命令)，这样 bundle.js 就可以反映出最新的代码(研究 watchify，以获得自动捆绑的知识)。可以将 Browserify shell 命令作为 NPM 脚本添加到 package.json 文件中，这样它就更容易运行了。

3.6　Browserify 的替代选择

还有很多其他的方法可以转编译和捆绑 ESNext 代码。Webpack 和 Rollup 是当前非常流行的选择。哪一个最适合你的项目主要取决于项目的具体信息。Babel 拥有一些在不同场景下进行设置的非常好的示例，请参阅 http://babeljs.io/docs/setup 获得这些信息。

本课小结

这一课学习了如何设置 Browserify 捆绑 ES2015 模块。有关模块的更多信息，请参阅第 20 课和第 21 课。

单元 1

变量和字符串

在 JavaScript 中，最熟悉的语句是 var 语句。但 let 和 const 语句的加入意味着 var 的使用率将会很快变少。var 语句不会消失，仍可以使用，但过不了多久，大多数程序员就会选择使用 const 声明不需要重新赋予数值的变量，选择使用 let 声明需要重新赋予数值的变量。在本单元的前两课中，读者将会找到其原因。

以下两课将会讨论新的字符串方法和一种称为模板(template)的新字符串类型。模板非常方便，将使得在编写代码时要进行的串联大字符串的乏味、陈旧的任务成为过去时。模板也有一个鲜为人知的特性，称为标记模板(tagged template)，这允许自定义处理，打开了创建特定领域语言的大门。读者可以使用标记模板创建自己领域特定的语言，来结束本单元的学习。

第 *4* 课

使用 let 声明变量

阅读第 4 课后，我们将：

- 了解 let 的作用域，以及 let 与 var 的区别；
- 了解块作用域和函数作用域之间的区别；
- 了解如何提升 let 变量。

在 JavaScript 的历史上，变量一直使用关键字 var[1]声明。ES6 引入了两种新的方法来声明变量，即关键字 let 和 const[2]。这两个方法所声明的变量与使用 var 声明的变量略有不同。使用 let 时，主要有两点不同：

- let 变量有不同的作用域规则。
- 在提升时，let 变量表现不同。

---

1 实际上，在非严格模式下，我们有可能完全省略 var 声明来创建一个新变量。但创建一个通常并不为作者所知的全局变量会带来一些非常有趣的错误。这就是我们为什么在严格模式下需要 var 的原因。

2 从技术角度看，consts 不是变量而是常量。

> **思考题**：思考下列两个 for 语句。唯一的区别是，一个是使用 var 声明的迭代器，而另一个是使用 let 声明的迭代器。但是最终的结果非常不同。当每个 for 循环运行时，会发生什么？
>
> ```
> for (var i = 0; i < 5; i++) {
>     setTimeout(function () {
>      console.log(i);
>     }, 1);
> };
>
> for (let n = 0; n < 5; n++) {
>     setTimeout(function () {
>      console.log(n);
>     }, 1);
> };
> ```

4.1　let 的作用域

使用 let 声明的变量具有块作用域，这意味着仅可以在它们所声明的块(或子块)内访问变量：

```
if (true) {
   let foo = 'bar';
}

console.log(foo);
```

由于在 foo 变量所声明的块外部不存在 foo 变量，因此抛出错误

这使得变量更具可预测性，不会由于变量泄漏到其所作用块的范围外而引入错误。块是一个语句或函数体，是由左右大括号{和}围起来的区域。我们甚至可以使用大括号创建没有语句的独立块，见代码清单 4.1。

代码清单 4.1　使用一个独立块保存私有变量

```
let read, write;            开启独立块
{
   let data = {};            ◄——— data 实际上是一个私有变量
 write = function (key, val) {
  data[key] = val;
 }

 read = function (key) {
  return data[key];
 }
```

```
}    ◄──── 关闭独立块
```

```
write('message', 'Welcome to ES6!');
read('message');◄──── "Welcome to ES6!"
console.log(data);      在块外部引用数据会
                        导致一个错误
```

在这个示例中，read 和 write 在块外声明，但是在 data 所声明的块内为它们赋予了值。这使它们可以访问 data 变量，但是不能在块的外部访问 data，因此 data 成了 read 和 write 用来存储内部数据的私有变量。

通常对于使用 let 声明的变量而言，若要其作用在特定的块内，那么变量必须在该块内声明。这个规则有一个例外，即在 for 循环中，对于在 for 循环子句内部使用 let 声明的变量，其作用域在 for 循环的块范围内。

```
                              在 for 语句的子
                              句内声明了 i
for (let i = 0; i < 5; i++) {
   console.log(i);
}                           i 的作用域为 for
console.log(i);             循环的块

         不能在 for 循环的外部引用
         i，否则会抛出错误
```

优选 let 的块作用域的原因

使用 var 声明的变量具有函数作用域，这意味着在包含它们的函数范围内的任意位置都可以访问它们：

```
(function() {
  if (true) {
    var foo = 'bar';
  }
  console.log(foo);   在声明 foo 的 if 语
}())                  句之外引用 foo
```

在历史上，这曾经让程序员感到困惑，他们由于错误的假设而导致程序错误。让我们来看一个经典示例，如代码清单 4.2 所示。

代码清单 4.2　　下面出现了作用域的问题，试着找出它在哪里

```
<ul>
  <li>one</li>
```

```
    <li>two</li>
    <li>three</li>
    <li>four</li>
    <li>five</li>
    </ul>
...
<script type="javascript">
    var items = document.querySelectorAll('li');
    for (var i = 0; i < 5; i++) {
        var li = items[i];
        li.addEventListener('click', function() {
            alert(li.textContent + ':' + i);
        });
    };
</script>
```

document.querySelectorAll 是标准的 Web API 方法,这个方法选择匹配指定查询的所有 DOM 节点

addEventListener 是 DOM 节点上的方法,允许附上事件监听器

这段代码看起来像是将列表中的每一项都附上了事件监听器,因此当列表项被单击时,将会跳出文字和索引的提示框。换句话说,如果单击第一个列表项,期望跳出的提示框的内容为 one:0。实际情况是,无论单击哪个列表项,提示值都是一样的 five:5。这是因为在这段代码中,由于函数级别的作用域,而出现了一个错误,这个错误让许多程序员抓狂。

从中看出错误了吗?由于变量的作用域不在 for 语句内,因此每次迭代都使用相同的变量。下面详细分析所发生的事情:

(1) 声明变量 i 为 0。

(2) for 循环的第一次迭代运行:
    i 为 0,li 是第一个列表项。

(3) for 循环的第二次迭代运行:
    i 为 1,li 是第二个列表项。

(4) for 循环的第三次迭代运行:
    i 为 2,li 是第三个列表项。

(5) for 循环的第四次迭代运行:
    i 为 3,li 是第四个列表项。

(6) for 循环的第五次迭代运行:
    i 为 4,li 是第五个列表项。

(7) i 递增到 5,for 循环停止。

这意味着在 for 循环完成后,i 为 5,li 为第五个列表项。如果在 for 循环中立即出现文本提示,那么我们就不会观察到错误;但如果我们是在事件监听器中设置提示语句,那么在 for 循环完成后,这才会被触发。因此,在事件触发器触发

时，i 和 li.textContent 的提示值分别为 5 和 five。

先前使用独立块分割出了一些代码的作用域，用来保存私有变量。通常，这样的作用域是使用立即调用函数表达式(IIFE)来划分的，如下所示：

```
(function () {
  var foo = 'bar';
}());

console.log(foo); // ReferenceError
```

如果使用 IIFE 重写代码清单 4.1，那么所写的代码如下所示：

```
var read, write;

(function () {
  var data = {};

  write = function write(key, val) {
    data[key] = val;
  }

  read = function read(key) {
    return data[key];
  }
}());
write('message', 'Back in ES5 land.');
read('message');      ←──── "Back in ES5 land."
console.log(data);  ◄
                          data 在作用域外，因此
                          抛出一个错误
```

由于这个代码清单是为了演示作用域而创建和调用函数，因此这段代码比较复杂，难以一目了然。使用函数这种方法来创建作用域有点矫枉过正，但在 ES6 之前，这是唯一的选择。使用块作用域，我们就多了一种选择，可以使用独立块来代替 IIFE。

快速测试 4.1　思考下面的代码，在控制台上将显示什么内容？

```
var words = ["function", "scope"];
for(var i = 0; i < words.length; i++) {
  var word = words[i];
  for(var i = 0; i < word.length; i++) {
    var char = word[i]
    console.log('char', i, char);
  };
};
```

由于在内循环结束时，i 等于 7，导致外循环停止，来不及处理第二个单词，因此第一个单词 function 得到了处理，但是第二个单词 scope 未得到处理。

从技术上讲，可以通过使用 let 而不使用 var 声明两个 i 变量来解决。我们称之为变量阴影(variable shadowing)[1]。人们普遍认为这是不好的做法，因此我还是建议使用不同的变量名来命名内部变量。

4.2　let 提升的工作原理

使用 let 和 var 声明的变量都有称为“提升(hoisting)”的行为。这意味着，无论对于 let 的整个块，还是对于 var 的整个函数，在变量所声明的整个作用域内，都可以有效使用变量。无论在块中的什么位置声明变量，效果都一样：

```
if (condition) {
  // ------ scope of myData starts here -----
  doSomePrework();
  //... more code
  let myData = getData();
  //... more code
  doSomePostwork();
  // ------ scope of myData ends here -----
}
```

这意味着，在这一段代码内，只要在变量的作用域内，就可以在变量声明前访问它！这是可行的，如果在作用域外部存在着同名的变量，就有可能造成混乱。思考下面这个例子：

```
// ------外部的 myData 作用域从此处开始-----
let myData = getDefaultData();
if (condition) {
  // ------内部的 myData 作用域从此处开始-----
  doSomePrework(myData); // <--这个变量是哪个？
  //...更多代码
  let myData = getData();
  //...更多代码
  doSomePostwork();
  // ------内部的 myData 作用域终止于此-----
}
// ------外部的 myData 作用域终止于此-----
```

---

1 请参见 https://en.wikipedia.org/wiki/Variable_shadowing。

此处实际上有两个 myData 变量：一个 myData 的作用域在 if 语句内，另一个 myData 的作用域包含了 if 的作用域。根据直觉，内部变量还没有被声明，你可能会认为具有默认值的外部变量 myData 被传递给了 doSomePrework 函数。但事实并非如此。由于内部变量在整个作用域内都有效，因此这个变量被传递给 doSomePrework。变量得到了提升，即使是在声明之前，也可以使用。

只要在作用域内，变量就可以在声明之前得到引用，这个概念称为提升，这并不是一个新概念。let 提升到块的顶部，var 提升到函数的顶部。

然而，这里有一个很重要的区别，当使用 let 声明的变量在声明前被访问，会发生什么呢？这与 var 的情况截然相反。

在 let 变量声明之前，在作用域内访问 let 变量会抛出一个引用错误。这与 var 的情况不同，var 所声明的变量可以使用，但是值未定义。在 let 变量被声明之前可访问 let 声明的变量，但系统会抛出一个错误，这个区域或区间(zone)被称为暂时性死区。更具体而言，暂时性死区指的是变量作用域中变量声明之前的区域。在暂时性死区中对变量的引用都会抛出一个引用错误：

```
{
  console.log(foo);    ←   由于 foo 还未被声明，
  let foo = 2;             因此抛出错误
}
```

花点时间来看一看这段代码。在执行时，控制台上将显示什么内容？

```
let num = 10;
function getNum() {
  if (!num) {
    let num = 1;
  }
  return num;
}
console.log( getNum() );
```

如果你认为答案是 10，那么答对了。但我们很容易错过这里所发生的一些事情。把这个示例稍微修改一下，就能弄明白了。

```
let num = 0;
function getNum() {
  if (!num) {
    let num = 1;
  }
  return num;
}
console.log( getNum() );
```

现在会显示什么呢？如果你认为答案是 1，那么就错了。为什么会这样呢？

```
let num = 0;
function getNum() {
    if (!num) {
        // ------ 内部 num 变量的作用域从此处开始 -----
        let num = 1;
        // ------内部 num 变量的作用域终止于此-----
    }
    return num;
}
console.log( getNum() );
```

num 为 0，因此执行 if 语句

声明新的 let 变量，其值为 1

当新的 num 变量声明为 1 时，其作用域只在 if 语句内，因此这个变量依然为 0

为了解决这个问题，在将 num 设置为 1 时，移除 let：

```
let num = 0;
function getNum() {
    if (!num) {
        num = 1;
    }
    return num;
}
console.log( getNum() );
```

快速测试 4.2 思考下面的代码，在控制台上会显示什么内容？

```
{
    console.log('My lucky number is', luckNumber);
    let luckNumber = 2;
    console.log('My lucky number is', luckNumber);
}
```

快速测试 4.2 答案

由于第一个 console.log 语句试图在变量声明之前访问它，因此什么都不会显示。

4.3   使用 let 还是使用 var

这是一个有争议性的问题。一些开发人员认为应该用 let 代替 var，而有些人认为不应该。我恰巧是在第一个阵营里。[1]

---

1 我们将在下一课中看到，常量往往首选 let 声明，而不是 var 声明。

　　使用 var 的观点是，如果变量在函数底部声明，那么应该用 var 来表达这个变量作用于整个函数。我不同意这个观点。我认为这是由于一些开发人员希望继续以函数作用域的方式思考问题，他们需要接受块作用域。let 的方式认为函数仅仅是另一种形式的块，如果 let 在 if 语句内而不是在 for、while 语句或任何其他类型块级别的语句内部声明，那么当然不需要另一种声明方式，因此函数凭什么如此特殊呢？

　　对于在函数的开头声明的 let，其作用范围与 var 一样，但是其提升的方式不一样。如果在 var 变量声明之前访问该变量，其值是未定义的，但是 let 会抛出异常。由于在变量被声明之前使用它会导致很奇怪的错误，因此我认为抛出异常是个好主意。我还从来没有碰到过一个令人信服的理由，能说明可以在变量被声明之前使用它。这是我支持不再使用 var 的另一个原因。

　　但是在我支持使用 let 全面取代 var 时，请保持警惕，不要在现有的代码中去查找var变量并使用let代替。在现有的代码库中做一个地毯式的替换将会导致错误。

本课小结

　　本课学习了如何使用 let 声明变量，以及这种声明方式与使用 var 声明变量有何不同：

- 使用 let 声明的变量具有块作用域。
- 块作用域意味着变量的作用域为包含这个变量的块。
- var 声明的变量具有函数作用域。
- 函数作用域意味着变量的作用域为包含这个变量的整个函数。
- 与 var 变量不一样，在声明前，let 变量不能被引用。

下面看看读者是否理解了这些内容：

Q4.1　下面的代码创建一个函数，该函数生成了包含一系列值的数组。它采用 var 和一些 IIFE 防止在变量的作用域外访问变量：

- 无所不包的 IIFE 隐藏了 DEFAULT_START 和 DEFAULT_STEP。
- 一个 IIFE 防止 tmp 跑到其所在的 if 语句外。
- 另一个 IIFE 阻止从 for 循环外部访问 i。

使用 let 重写这段代码，删除任何不需要的 IIFE。

```
(function (namespace) {

 var DEFAULT_START = 0;
 var DEFAULT_STEP = 1;

 var range = function (start, stop, step) {
```

```
      var arr = [];

      if (!step) {
        step = DEFAULT_STEP;
      }

      if (!stop) {
        stop = start;
        start = DEFAULT_START;
      }

      if (stop < start) {
        (function () {
          // reverse values
          var tmp = start;
          start = stop;
          stop = tmp;
        }());
      }

      (function () {
        var i;
        for (i = start; i < stop; i += step) {
          arr.push(i);
        }
      }());

      return arr;
    }

    namespace.range = range;

}(window.mylib));
```

第**5**课

使用 const 声明常量

阅读第 5 课后，我们将：

- 了解什么是常量以及它们的工作机制；

- 知道何时使用常量。

关键字 const 代表常量，也就是永远不会改变的数。在许多程序中，无论有意无意，一些值永远不会改变。使用 const 声明的值称为常量，这与前面章节提到的用 let 声明的变量有一些相同特征，但常量不允许重新赋值。

> **思考题**：思考下面的 switch 语句，这个语句使用标识位来确定正在执行的操作类型。大写字母串 ADD_ITEM 和 DEL_ITEM 表示我们预期这个值永远不会改变[1]，但是如果它们确实改变了，会发生什么呢？这又会如何影响程序的行为呢？如何编写应用程序，防止这种情况的发生呢？
>
> ```
> switch (action.type) {
>     case ADD_ITEM:
>       //处理添加新项
>     break;
>     case DEL_ITEM:
>       //处理删除项目
>     break;
> };
> ```

5.1 常量的工作机制

常量不能被重新赋值。这意味着，一旦将某个固定值赋给常量，任何重新给常量赋新值的尝试将会导致错误发生：

```
const myConst = 5;

myConst = 6;    ◄──── 错误
```

由于无法重新给常量赋新值，因此一成不变的常量很容易让我们的思维变得混乱。常量是不变的，那么不能重新赋值与不可变之间有什么区别吗？赋值与变量绑定相关，也就是将名称绑定到某条数据上。可不可变是属于绑定所包含的实际数据的属性。所有原语(字符串、数字等)都是不可变的，而对象是可变的。

下面看一个示例，将一个可变的对象赋给常量，并且自由地改变对象：

```
const mutableConstant = {};          将 foo 设置为 bar 时，修改
                                     了现有的对象
mutableConstant.foo = 'bar'; ◄──

mutableConstant.foo = 'baz'; ──      将 foo 设置为 baz 时，修改
                                     了现有的对象
mutableConstant = {foo: 'bat'} ◄──
        试图通过赋予一个全新的对象，将
        foo 设置为 bat，这是被禁止的
```

---

1 大写纯粹是惯例，而不是必需的语法。

因为创建常量后是将可变的值赋给它，因此能够改变这个值，但是不能将新值赋给常量；能够改变值的唯一方法是通过修改值本身，如图 5.1 所示。

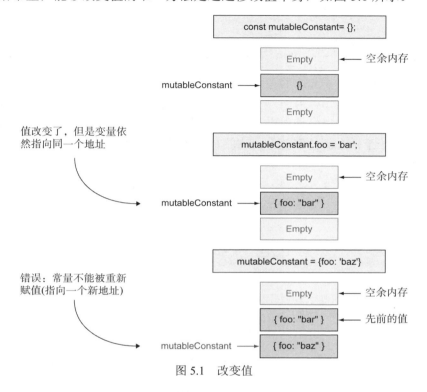

图 5.1　改变值

如果将不可变的值(如数字)赋给常量，那么由于常量所含有的值不可改变，同时常量不能被重新赋值，因此它被冻结了，不可改变。

快速测试 5.1　执行以下代码时，会发生什么？
```
const i = 0;
i++;
```

快速测试 5.1 答案

增量运算符是将新值赋给所操作的变量，由于不能重新将值赋给常量，因此这段代码将抛出一个错误。

我们知道原语(如字符串和数字)不可变，如果不熟悉这种要求，那么这可能会让你如鲠在喉。你也许会认为"我一直都在使用和改变原语"。事实是，重新将新值赋予变量的能力使得原语较难被注意到。思考以下代码：

```
let a = "Hello";
let b = a;

b += ", World!";

console.log(a); ◄─── Hello
console.log(b); ◄─── Hello, World!
```

在这个示例中，看起来好像是改变了包含在变量 b 中的字符串，但是事实上是创建了一个新字符串，并将这个字符串重新赋给 b。可以确定在更新 b 前，b 所包含的值与 a 一样，但是之后，a 依然不变。这是由于 a 依然指向同一字符串，但是 b 被赋予了一个新的字符串。这就是不能对常量使用运算符+=的原因。请参阅图 5.2。

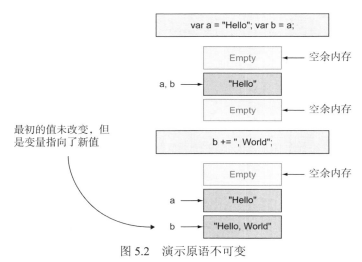

图 5.2　演示原语不可变

快速测试 5.2　执行以下代码时，会发生什么？

```
const a = "Hello";

    const b = a.concat(", World!");
```

快速测试 5.2 答案

读者可能会认为 a 为常量，因此 a.concat 将抛出一个错误，但是请记住 concat 方法是对字符串进行操作，不改变现存的字符串或对含有此字符串的变量重新赋值，因此这段代码只是返回一个新字符串。正因为如此，该声明有效，b 成为字符串"Hello, World! "。

5.2　何时使用常量

最常使用常量的地方是在创建标识时，与其所含有的实际值相比，这更像是一个独特的标识符。例如下面这个入门练习：

```
const ADD_ITEM = 'ADD_ITEM';
const DEL_ITEM = 'DEL_ITEM';
let items = [];

function actionHandler(action) {
  switch (action.type) {
    case ADD_ITEM:
      items.push(action.item);
    break;
    case DEL_ITEM:
      items.splice(items.indexOf(action.item), 1);
    break;
  };
}
```

这避免了一不小心更改动作标识 ADD_ITEM 和 DEL_ITEM 的可能性。停一停，仔细想想，items 数组可能被重新赋值吗？或许不可能被重新赋值，这时也可以创建一个常量：

```
const items = [];
```

但如果此后决定需要一个动作来清空列表，那怎么办？我们的本能反应可能是将空数组重新赋值给 items，但是常量不能重新赋值：

```
case CLEAR_ALL_ITEMS:
   items = [];  ←──── 错误
break;
```

仍然可以清空数组，但是需要找到一种方法来修改实际值，而不是赋予新值。在这种情况下，可以再次使用 splice 完成任务：

```
case CLEAR_ALL_ITEMS:
   items.splice(0, items.length);
break;
```

完整的代码如下所示：

```
const ADD_ITEM = 'ADD_ITEM';
const DEL_ITEM = 'DEL_ITEM';
```

```
const CLEAR_ALL_ITEMS = 'CLEAR_ALL_ITEMS';
const items = [];

function actionHandler(action) {
  switch (action.type) {
    case ADD_ITEM:
      items.push(action.item);
    break;
    case DEL_ITEM:
      items.splice(items.indexOf(action.item), 1);
    break;
    case CLEAR_ALL_ITEMS:
      items.splice(0, items.length);
    break;
  };
}
```

注意是如何使用 const 声明每一个值的，这是一种常见的情况。

防止绑定的量被重新赋值不是使用常量的唯一原因。由于常量永远不会被重新赋值，因此 JavaScript 引擎可以做出某些优化来改进表现。正因为如此，在某个变量永远不会被重新赋值的情况下，使用 const 是有道理的，如果某个变量需要重新赋值，就使用 let。

快速测试 5.3　执行以下代码时，会发生什么？

```
function getValue() {
    const val = 5;
    return val;
}

let myVal = getValue();
myVal += 1;
```

快速测试 5.3 答案

读者可能会认为，由于从函数返回之前该值最初是以常量的形式存储的，因此在函数外部重新赋值给这个常量会导致错误。但请记住，常量与绑定的值相关，不与所绑定值里面的数值相关。函数仅仅是返回数值，而不是绑定的值。因此新的 let 绑定的值可以安全地进行重新赋值。

本课小结

本课学习了如何使用 const 声明变量以及这种方式与使用 var 或 let 声明变量有何区别。

- 常量是不能被重新赋值的变量。
- 常量不是不可变的。
- 常量与 let 声明的变量具有相同的作用域规则。

下面看看读者是否理解了这些内容：

Q5.1　修改第 4 课练习的答案，在可能的地方使用 const。

第 **6** 课

新字符串方法

阅读第 6 课后，我们将：

- 知道如何使用 String.prototype.startsWith；
- 知道如何使用 String.prototype.endsWith；
- 知道如何使用 String.prototype.includes；
- 知道如何使用 String.prototype.repeat；
- 知道如何使用 String.prototype.padStart；
- 知道如何使用 String.prototype.padEnd。

这些方法都很容易实现，我们经常使用这些方法，因此它们被包含在了标准库中。

> **思考题**：假设要编写函数，告知当前时间。使用 Date 对象的实例与 getHours 和 getMinutes 方法，就可以分别得到当前的小时数和分钟数。
>
> ```
> function getTime() {
>   const date = new Date();
>   return date.getHours() + ':' + date.getMinutes();
> }
> ```
>
> 但如果当前的时间是上午 5 时 06 分，那么这个函数将返回字符串 5:6。如何修改函数，使得分钟数的表示永远是两个数字？

6.1　搜索字符串

想象从数据库中加载产品数据。产品数据来自不同的厂家，格式不规范，一些价格的格式为 499.99，前面没有$，而其他的价格格式为$37.95，有前置的$。当在网页上显示价格时，不能简单地在所有价格前加上前缀$，否则一些价格前将有双美元符号，如$$37.95。

可以轻松地知道第一个字符是不是$，如下所示：

```
if( price[0] === '$' ) {
    //价格以$开头
}
```

但如果需要检查前三个字符，那会怎么样？想象一下，要展示电话号码列表。它们的格式都为 XXX-XXX-XXXX，需要根据当前用户的区号确定所在区。可以这样做，如下所示：

```
if( phone.substr(0, 3) === user.areaCode ) {
    //电话号码在某个用户区号内
}
```

上述这些问题做的都是同一件事情，是不是？它们都是检查给定的字符串是否以给定的值开始。为什么它们要以不同的方式来做到这一点呢？答案是，在前一场景中，要检查单个字符，而在后一场景中，要检查一串字符。这两种方法在让你明白正在检查什么方面都做得不是很出色，因此需要注释，解释每个方法做些什么。现在有了 ES6，使用相同的自我文档化的方式可以解决这两个问题：

```
if( price.startsWith('$') ) {
    // ...
}
if( phone.startsWith(user.areaCode) ) {
    // ...
}
```

现在这不仅更趋一致，而且使我们更容易一眼就看出它们在做什么。

使用 includes、startsWith 和 endsWith 方法，在字符串中搜索字符串变得简单多了。startsWith 检查字符串是否以指定的值起头，endsWith 检查字符串是否以某个值结束，includes 检查整个字符串是否包含指定的值：

```
let str = 'foo-bar';

str.startsWith('foo');   ◄── 真
str.startsWith('bar');   ◄── 假

str.endsWith('foo');     ◄── 假
str.endsWith('bar');     ◄── 真

str.includes('foo');     ◄── 真
str.includes('bar');     ◄── 真
str.includes('o-b');     ◄── 真
```

所有这些方法都是区分大小写的。在执行搜索之前，要将字符串小写化：

```
let location = 'Atlanta, Ga';
location.endsWith('GA');   ◄── 假
location.endsWith('ga');   ◄── 假
location.toLowerCase().endsWith('ga');   ◄── 真
```

所有这些方法还接受第二个参数来指定字符串中的起始搜索位置：

```
let locationA = 'Atlanta, Ga';
let locationB = 'Galveston, Tx';

locationA.includes('Ga');   ◄── 真
locationB.includes('Ga');   ◄── 真

locationA.includes('Ga', locationA.indexOf(' '));   ◄── 真
locationB.includes('Ga', locationB.indexOf(' '));   ◄── 假
```

如果所需要的内容比这些方法可以实现的东西更复杂，那么依然可以使用正则表达式自定义更多的字符串搜索方法。

> **快速测试 6.1**　假设使用对象数组来表示气象数据。每个对象都具有 icon 属性,指定了表示天气状况的图标名称。图标名称使用 night 结尾的图标是图标的夜间版本。使用所谈论的三种方法之一编写一个过滤器,获得所有夜间图标对象。

快速测试 6.1 答案

```
let nightIcons = weatherObjs.filter(function(weather) {
    return weather.icon.endsWith('-night');
});
```

6.2　填充字符串

填充字符串意味着指定所需要的字符串的长度,使用填充字符填充字符串到一定长度。例如,在入门练习中,希望分钟数总是为两个字符长度。一些时候分钟数为两个字符长度,如 36,但是另一些时候不是,如 5。使用字符 0 填充字符串到长度 2,由于 36 有两个字符,因此保持不变,而 5 取决于向左还是向右填充,将变成 05 或 50。

例如,要求某个函数接受用十进制(基数为 10)表示的 IP 地址,将其转换为二进制(基数为 2)表示。也许会写出这样一个函数,如下所示:

```
function binaryIP(decimalIPStr) {
    return decimalIPStr.split('.').map(function(octet) {
        return Number(octet).toString(2);
    }).join('.');
}
```

但由于表示小于 128 的数时,二进制数小于 8 位数字,因此此时这个函数无法工作。

```
binaryIP('192.168.2.1');  ◀—— "11000000.10101000.10.1"
```

为解决这个问题,需要用 0 填充每个字节,直到每一个都是 8 位,如下面的例子所示。要做到这一点,可以使用 ES2015 引入的新特性 String.prototype.repeat,但是正如将要看到的,我们也可以使用 padStart,这更灵活一点。repeat 也需要了解一下,这是很有用处的。

```
function binaryIP(decimalIPStr) {
```

```
    return decimalIPStr.split('.').map(function(octet) {
     let bin = Number(octet).toString(2);
     return '0'.repeat(8 - bin.length) + bin;
    }).join('.');
}

binaryIP('192.168.2.1');  ◄──── "11000000.10101000.00000010.00000001"
```

由于 repeat 函数使用参数中指定的次数重复所调用的字符，因此这可以达到目的：

```
'X'.repeat(4);  ◄────XXXX(X 重复了 4 次)
```

如果指定的数字不是一个整数，它会向下取整(而不是四舍五入)：

```
'X'.repeat(4.9);  ◄──── XXXX
```

这也适用于任意长度的字符串：

```
'foo'.repeat(3);  ◄──── foofoofoo
```

String.prototype.repeat 适用于二进制的例子。但如果想用字符串(多于一个字符)来填充，那么会发生什么呢？仅仅使用 repeat 函数来实现比较棘手，但是可以很容易地使用 String.prototype.padStart 和 String.prototype.padEnd 来实现。

padStart 和 padEnd 方法接受两个参数：返回的字符串的最大长度和所填充的字符串，如图 6.1 所示。填充字符串默认为一个空格字符：

```
'abc'.padStart(6);  ◄──── " abc"
'abc'.padEnd(6);  ◄──── "abc "

'abc'.padStart(6, 'x');  ◄──── "xxxabc"
'abc'.padEnd(6, 'x');  ◄──── "abcxxx"

'abc'.padStart(6, 'xyz');  ◄──── "xyzabc"
'abc'.padEnd(6, 'xyz');  ◄──── "abcxyz"
```

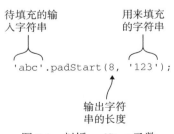

图 6.1　剖析 padStart 函数

最大长度属性指定了填充子(filler)重复后所得到的字符串的最大长度。如果填充子具有多个字符，不能均等地填入，那么字符串将被截断：

```
'abc'.padStart(8, '123');   ◀── "12312abc"
'abc'.padEnd(5, '123');   ◀── "12abc"
```

如果最大长度小于原始字符串的长度，那么原始字符串不会被截断，直接返回，不执行任何填充：

```
'abcdef'.padStart(4, '123');   ◀── "abcdef"
```

用这种方法重写 binaryIP 函数，如下所示：

```
function binaryIP(decimalIPStr) {
  return decimalIPStr.split('.').map(function(octet) {
    return Number(octet).toString(2).padStart(8, '0')
  }).join('.');
}

binaryIP('192.168.2.1');   ◀── "11000000.10101000.00000010.00000001"
```

这种方式非常简洁，容易阅读和理解。要实现同样的事情，使用纯 ES5 代码比较冗长。当然，也可以使用第三方字符串填充函数，或编写自己的函数来实现，但是 String.prototype.padStart 和 String.prototype.padEnd 可以代劳。

> **快速测试 6.2**　使用 repeat 来写一个函数,重复任何字符串到 50 个字符,截断任何多余的字符。

快速测试 6.2 答案
```
function repeat50(str) {
    const len = 50;
    return str.repeat(Math.ceil(len / str.length)).substr(0, len);
}
```

本课小结

本课旨在介绍在字符串中添加的一些有用的新方法。

- String.prototype.startsWith 检查字符串是否从某个值开始。
- String.prototype.endsWith 检查字符串是否以某个值结束。
- String.prototype.includes 检查字符串是否包括某个值。

- String.prototype.repeat 以给定次数重复字符串。
- String.prototype.padStart 从头填充字符串。
- String.prototype.padEnd 从末尾填充字符串。

下面看看读者是否理解了这些内容：

Q6.1　写一个函数，接受电子邮件地址，屏蔽@前的所有字符。例如，电子邮件地址 christina@example.com 将被屏蔽为*********@example.com。

第 **7** 课

模板字面量

阅读第 7 课后,我们将:

- 知道如何使用模板字面量实现字符串插值;
- 理解如何使用模板字面量实现多行字符串;
- 知道如何使用模板字面量实现可重用的模板;
- 理解标记模板字面量如何将自定义处理添加到模板字面量中。

笔者最大的烦恼之一是,JavaScript 一直缺乏对多行字符串的支持。必须将每一行分解成单独的字符串并将它们粘合在一起是一个冗长乏味的过程。但是随着模板字面量的加入,这些痛苦消失了。模板字面量为 JavaScript 引入了多行字符串、插值和标记。如果读者还不知道这些名词的意义,也不必担心,下文会逐个解释。

> **思考题**：研究下面的函数，这个函数接受一个产品对象，返回相应的
> HTML 来展示产品。目前，它只显示了产品的照片和说明，为了弥补对多行
> 字符串和插值支持的缺乏，许多字符串被粘在了一起，因此我们难以进行阅
> 读。实际的产品可能需要显示标题、价格和其他细节，这使得我们更加难以
> 进行阅读。随着产品的 HTML 需求变得越来越复杂，能够采取什么措施来保
> 持代码的可读性呢？
>
> ```
> function getProductHTML(product) {
>     let html = '';
>     html += '<div class="product">';
>     html += '<div class="product-image">';
>     html += '<img alt="'+ product.name +'" src="'+ product.image_url +'">';
>     html += '</div>';
>     html += '<div class="product-desc">' + product.desc + '</div>';
>     html += '</div>';
>     return html;
> }
> ```

7.1　什么是模板字面量

　　模板字面量是创建字符串的新字面量语法。与字符串字面量一样，它使用反
引号(`)而不是引号('或")来分界，支持新的特性和功能。模板字面量也作为字符串
进行计算：

```
let str1 = `Hello, World`;          使用模板字面
let str2 = "Hello, World";          量创建字符串
let str3 = `Hello, World`;  ←
console.log(str1 === str3);  ←  真
console.log(str2 === str3);  ←  真
}
```

　　不同的是，模板字面量支持三种新特性，即插值、多行和标记，而一般的字
符串字面量不支持这三种特性。让我们来定义各个名词。

　　字符串插值——这是将动态值放入创建的字符串中的概念。许多其他语言都
支持这一点，但到目前为止，JavaScript 只能通过串联将动态值添加到较大的字符
串中：

```
let interpolated = `You have ${cart.length} items in your cart`

let concatenated = 'You have ' + cart.length + ' items in your cart';
```

多行字符串——这不是创建多行字符串的概念。JavaScript 一直能够做到这一点(例如，"Line One\nLine Two")。这是使字面量本身跨越多行的概念。JavaScript 中的一般字符串必须定义在同一行中，这意味着前后引号必须在同一行中。使用模板字面量的话，情况就改变了：

```
let multiline = `line one
                 lines two`
```

标记模板字面量——这是一种非常先进的用法。记得模板字面量如何将值插入字符串中吗？标记模板字面量是使用函数标记的模板字面量。我们为函数分别提供所有原始字符串部分和所插入的值，因此函数可以进行自定义字符串预处理。函数可以返回完全不同的字符串，或甚至非字符串的值。如果在将插值合并到最终值中之前要对插值进行某种预处理，这就特别有用。例如，标记函数可以将模板字面量转换为 DOM 节点，但却转义所插入的值，从而避免 HTML 注入。如果将字符串部分视为安全的，所插入的值视为潜在的危险，那么也可以防止 SQL 注入。

```
let html = domTag`<div class="first-name">${userInput}</div>`
```

这只是一个概述；接下来更详细地讨论每个名词，从插值开始。

7.1.1　模板字面量的字符串插值

将值插入模板字面量的语法是使用大括号{和}将待插入的值包括起来，并且在第一个大括号前加一个美元符号$作为前缀：

```
function fa(icon) {
    return `fa-${icon} fa`;
}

fa('check-square');  ◄──── "fa-check-square fa"
```

这段代码从 icon 变量中获得值，并将此值注入模板字符串中。所发生的事情如图 7.1 所示。

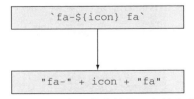

图 7.1　icon 变量的值被插入字符串中

这个函数生成了给定图标所需的 CSS 类 Font Awesome(http://fontawesome. io/icon/check-square/)。所需的插值越多，这个特性的优势就越明显，如下面的代码示例所示。

```
function greetUserA(user, cart) {
  const greet = `Welcome back, ${user.name}.`;
  const cart = `You have ${cart.length} items in your cart.`;
  return `${greet} ${cart}`;
}

function greetUserB(user, cart) {
  const greet = 'Welcome back, ' + user.name + '.';
  const cart = 'You have ' + cart.length + ' items in your cart.';
  return greet + ' ' + cart;
}
function madlibA(adjective, noun, verb) {
  return `The ${adjective} brown ${noun} ${verb}s`;
}

function madlibB(adjective, noun, verb) {
  return 'The ' + adjective + ' brown ' + noun + ' ' + verb + 's';
}

madlibA('quick', 'fox', 'jump');  ◀┐
madlibB('quick', 'fox', 'jump');  ◀┘ "The quick brown fox jumps"
```

在每个示例中，这两个函数在功能上是相同的。在这两种情况下，我不认为有人可以就哪一种方式更好做出论断，但是我首选变型 B。

注意，可以通过一般的转义字符转义插值：

```
let color = 'hazel';

let str1 = `My eyes are ${color}`;   ◀── "My eyes are hazel"
let str2 = `My eyes are \${color}`;  ◀── "My eyes are ${color}"
```

但如果只是添加一个美元符号，而后面没有跟着大括号，那么无须转义任何东西：

```
let price = `Only $${(5.0).toFixed(2)}`;  ◀── "Only $5.00"
```

插入的任何值如果不是字符串，将会被转换为字符串，会使用其字符串的表示形式：

```
let obj = { foo: 'bar' };
let str = `foo: ${obj}`;

console.log(str);  ◀── "foo: [object Object]"
```

快速测试 7.1　将模板字面量赋给 phrase 变量将生成什么内容？

```
  let fruit = 'banana';
  let color = 'yellow';

let phrase = `the ${`big ${color}`} ${fruit}`;
```

快速测试 7.1 答案

如果模板字面量被插入另一个模板字面量中，那么内部的字面量就会生成字符串，然后这个字符串将会被插入外部模板字面量中。这样，最终得到的字符串为 the big yellow banana。

7.1.2　模板字面量的多行字符串

与字符串字面量不同，未终止的模板字面量将会持续到下一行，直到终止：

```
let multiline = `Hello,
World`;

console.log(multiline);  ←—— "Hello,\nWorld"
```

一定要记住一点，那就是多行模板字面量保留了所有的空格字符：

```
function greetUser(user, cart) {
  return `Welcome back, ${user.name}.
        You have ${cart.length} items in your cart.`;
}

greetUser(currentUser, currentCart);
```

"Welcome back, JD.\n You have 0 items in your cart."

现在，可以使用模板字面量来解决入门练习问题：

```
function getProductHTML(product) {
  return `
    <div class="product">
      <div class="product-image">
        <img alt="${product.name}" src="${product.image_url}">
      </div>
      <div class="product-desc">${product.desc}</div>
    </div>
  `;
}
```

快速测试 7.2　以下两个函数相同吗?

```
// Using String Literals
function getProductHTML(product) {
  let html = '';
  html += '<div class="product">';
  html += '<div class="product-image">';
  html += '<img alt="'+ product.name +'" src="'+ product.image_url +'">';
  html += '</div>';
  html += '<div class="product-desc">' + product.desc + '</div>';
  html += '</div>';
  return html;
}

// Using Template Literals
function getProductHTML(product) {
  return `
    <div class="product">
      <div class="product-image">
        <img alt="${product.name}" src="${product.image_url}">
      </div>
      <div class="product-desc">${product.desc}</div>
    </div>
  `;
}
```

快速测试 7.2 答案

不相同, 不过很接近。由于模板字面量保留了空白符, 因此这会包括新行和新的空白符, 在渲染网页时, 这可能对布局略有影响。

7.2　模板字面量是不可重用的模板

笔者觉得模板字面量这个名称有点误导人, 因为它创建的是字符串, 而不是模板。当开发人员提到模板时, 他们通常想到的是可重用的模板。模板字面量是不可重用的模板, 是生成并转换成字符串的一次性模板, 因此不可重用。如果读者对其他 JavaScript 模板(如 Underscore、Lodash、Handlebars 等)不熟悉, 那么这可能不会带来太大的混乱。另一方面, 如果读者对我所列出的其他模板库熟悉, 那么让我们来探讨一下不同点:

```
let name = 'Talan';

// Using underscore
let greetA = _.template('Hello, <%= name %>');

greetA(name);    ◀──── Hello, Talan
greetA('Jonathon'); ◀──── Hello, Jonathon

// Using template literals
let greetB = `Hello, ${name}`;
greetB;          ◀──── Hello, Talan
greetB('Jonathon'); ◀──── Uncaught TypeError: greetB is not a function
```

当使用如 Underscore 这样的模板库创建模板时，可以用不同的插入值多次调用函数，并为从函数返回来的值指定占位符。而模板字面量在其创建时就插入了值，因此不能使用新值重新生成。

但可以通过在函数中包裹模板字面量创建可重用模板：

```
let name = 'Talan';

function greet(name) {
    return `Hello, ${name}`;
}

greet(name); // Hello, Talan
greet('Jonathon'); // Hello, Jonathon
```

> **快速测试 7.3**　对于下面的代码，控制台会显示什么内容？
>
> ```
> let name = 'JD';
> let greetingTemplate = `Hello, ${name}`;
> name = 'Jon';
> console.log(greetingTemplate);
> ```

快速测试 7.3 答案
Hello，JD

7.3　使用标记模板字面量进行自定义处理

假设现在要负责开发日益扩展的电子商务网站。最初，所有的用户都是讲英语的人，但是现在要支持多国语言。如果有一种方式将需要国际化的特定字符串标记出来，岂不美哉？如果可以使用 i18n[1]作为前缀标记字符串，将其自动翻译为用户的本地语言，那会怎么样？

```
function greetUser(user, cart) {
    return i18n`Welcome back, ${user.name}.
            You have ${cart.length} items in your cart.`;
}
```

标记模板字面量是在模板字面量前添加函数的函数名进行标记的模板字面量。基本语法如下所示：

```
myTag`my string`
```

以上代码使用函数 myTag 对字符串进行标记。myTag 函数将会被调用，以模板作为参数。如果模板有任何插入值，这些插入值将会作为独立的参数传递。然后，函数负责对模板进行某种类型的处理，返回新值。

目前只有一个内置标记函数 String.raw，这个函数处理模板而无须解释特定的字符：

```
const a = `my\tstring`;  ◄──── "my string"
const b = String.raw`my\tstring`;  ◄──── "my\tstring"
```

这可能是唯一的内置标记函数，但是可以使用库作者或自己写的函数。

在模板字面量使用函数进行标记的情况下，模板字面量将会分解为字符串部分和插入值部分。将这些值作为独立的参数提供给标记函数。第一个参数是字符串部分的数组，然后是作为额外的参数提供给函数的各个插入值：

```
function tagFunction(stringPartsArray, interpolatedValue1, ...,
➥interpolatedValueN)
{
}
```

幸运的是，永远不需要显式写出这些参数。

为更好地理解如何将这些片段分解并传递给函数，我们简单地写一个显示这些部分的函数：

```
function logParts() {
    let stringParts = arguments[0];
    let values = [].slice.call(arguments, 1);  ◄─── 以数组形式收集第一个
    console.log( 'Strings:', stringParts );        参数之后的所有参数
    console.log( 'Values:', values );
}
```

---

1 i18n 是国际化(internationalization)的通用缩写，意思是 1 + 18 个字母 + n。

```
logParts`1${2}3${4}${5}`;
```

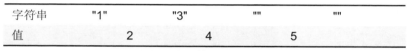

字符串：["1", "3", "", ""]
值：[2, 4, 5]

此处，使用 JavaScript 的 arguments 对象解析出字符串部分和插入的值。使用 arguments[0]获得第一个参数，这是一个字符串数组；使用[].slice.call(arguments, 1) 获得第一个参数后的所有参数组成的数组，这个数组包含所有的插入值。

可以预期到有字符串 1 和 3，但是为什么多了两个额外的空字符串？如果所插入的值彼此相邻而没有任何字串在它们之间，如 4 和 5，那么在它们之间将会有隐式的空字符串。这对字符串的开头和结尾也是一样的。根据图 7.2，可以看到如何计算得到结果：

字符串	"1"	"3"	""	""
值		2	4	5

图 7.2　计算过程示意图

由于这个原因，第一块和最后一块永远是字符串，值将这些字符串粘合在一起。这也意味着，可以使用简单的 reduce 函数非常轻松地对这些值进行处理：

```
function noop() {
  let stringParts = arguments[0];
  let values = [].slice.call(arguments, 1);
  return stringParts.reduce(function(memo, nextPart) {
    return memo + String(values.shift()) + nextPart;
  });
}
```

.shift() 函数移除数组的第一个值，并将其返回

```
noop`1${2}3${4}${5}`;   "12345"
```

在这个函数中，将模板字面量作为未进行标记的模板字面量进行处理。但是关键的问题在于，这允许采用自定义处理。这个特性最可能由库作者来实现，但是也可以使用它来创建某种自定义的处理方式。写一个函数去掉标记之间的空格：

```
function stripWS() {
  let stringParts = arguments[0];
  let values = [].slice.call(arguments, 1);
  let str = stringParts.reduce(function(memo, nextPart) {
    return memo + String(values.shift()) + nextPart;
  });
  return str.replace(/\n\s*/g, '');
}
function getProductHTML(product) {
  return stripWS`
    <div class="product">
```

```
    <div class="product-image">
      <img alt="${product.name}" src="${product.image_url}">
    </div>
    <div class="product-desc">${product.desc}</div>
  </div>
`;
}
```

　　我们只介绍了可以使用模板字面量执行的操作。因为模板字面量允许将字面量的字符串部分与插入值分开，进行预处理，并且可以返回任何数据类型，所以它们非常适于创建被称为 DSL(领域特定语言)的抽象事物。在接下来的第一个顶点项目中，会详细地了解这一点。

　　快速测试 7.4　在下面的代码片段中有三行代码，想要使用函数标记模板字面量，哪一行代码的语法正确？

```
myTag(`my template`)
myTag()`my template`
myTag`my template`
```

快速测试 7.4 答案
最后一行: myTag`my template`。

本课小结

　　本课学习了模板字面量的基础知识。
- 模板字面量是使用反引号创建字符串的新字面量语法。
- 模板字面量使用${}插入值。
- 模板字面量可以跨越多行。
- 模板字面量使用标记模板打开领域特定语言的大门。

　　下面看看读者是否理解了这些内容:

　　Q7.1　编写一个可以用来标记模板字面量的函数，检查每个值是否是一个对象，如果是，则在插入前将这个对象转换为键/值对字符串。

　　例如，可以按如下方式调用函数:

```
const props = {
  src: 'http://fillmurray.com/100/100',
  alt: 'Bill Murray'
```

```
};
```

```
const img = withProps`<img ${props}>`;
```

将会得到：

```
<img src="http://fillmurray.com/100/100" alt="Bill Murray">
```

第 **8** 课

顶点项目：构建领域特定语言

在这个项目中，我们将：
- 了解什么是领域特定语言(DSL)；
- 创建一个简单的 DSL，从 HTML 格式化器中处理用户输入；
- 创建一个简单的 DSL，对数组重复或循环模板。

在创建 DSL 前，首先要明白 DSL 的定义。领域特定语言以一种非常聪明的方法使用编程语言的特性和语法，使得解决一个特定的任务看起来像得到了编程语言本身一流的支持。例如，单元测试库使用了在 JavaScript 中能看到的一种常见类型的 DSL：

```
describe('push', function() {
  it('should add new values to the end of an array', function() {
    // 执行测试
  });
});
```

由于这看起来像是使用自然语言声明是在描述 push，然后给予实际说明 "it should add new values to the end of an array(这应该添加新值到数组的末尾)"，因此这是 DSL。在现实中，语句的 describe 和 it 部分是函数，其余部分是函数的参数。

其他语言(如 Ruby)有很多 DSL。Ruby 特别具有延展性，有很多语法糖，因此创建 DSL 非常容易。另一方面，在历史上，JavaScript 并未提供支持来轻松创建 DSL。但使用标记模板，情况可能有所改变。例如，聪明的程序员可能利用标记模板，将先前的单元测试 DSL 改成下列这种语法：

```
describe`push: it should add new values to the end of an array`{
   // 执行测试
}`
```

虽然不需要实现这个 DSL，但是我们可以自己创建几个 DSL。下面的章节将

- 创建一些辅助函数来处理字符串
- 创建一个 HTML 转义的 DSL
- 创建一个将数组转换为 HTML 的 DSL

8.1　创建一些辅助函数

在开始之前，先创建两个辅助函数。上一课在创建模板标记函数时，使用了类似以下的代码编写函数：

```
function stripWS() {
   let stringParts = arguments[0];
   let values = [].slice.call(arguments, 1);
   //使用 stringParts 和 values 做一些事情
}
```

前两行代码是为了获取模板字面量的字符串值和插入值。这有点晦涩难懂，并且对其余的逻辑有破坏作用。我们很快就会发现有更好的方法收集这些值，但就目前而言，可以将这些步骤抽象到一个层中，对其余的逻辑隐藏。如何做到这一点呢？为此，可以创建独立的函数，然后将收集到的值传递给标记函数(见代码清单 8.1)。

代码清单 8.1　抽象化收集插入值的过程

```
function createTag(func) {
   return function() {
     const strs = arguments[0];
     const vals = [].slice.call(arguments, 1);
     return func(strs, vals);
   }
}
```

现在，如果要创建标记函数，可以按照如下方式进行，这样比较整齐：

```
const stripWS = createTag(function(strs, vals){
```

```
//使用 strs 和 vals 做一些事情
});
```

另一个冗余的步骤是，必须使用 reduce 将给定字符串和插入值进行交错，也可以将这个步骤抽象出来(见代码清单 8.2)。

代码清单 8.2　对字符串和插入值的交错进行抽象

```
function interlace(strs, vals) {
  vals = vals.slice(0);
  return strs.reduce(function(all, str) {
    return all + String(vals.shift()) + str;
  });
}
```

这行代码复制了数组，在调用方法(如 shift)原位改变数组之前，这是一种好的做法

现在可以组合 createTag 和 interlace，以标准实现方式处理模板字面量，如代码清单 8.3 所示。

代码清单 8.3　处理模板字面量

```
const processNormally = createTag(interlace);

const text = 'Click Me';
const link = processNormally`<a>${text}</a>`;     <a>Click Me</a>
```

现在，这些部分已经抽象出来了，可以编写标记函数，专注于手头上的工作——转义 HTML 字符串。

8.2　创建一个 HTML 转义的 DSL

思考一下获取模板字面量和一些值进行 HTML 转义和插值背后的业务逻辑。第一个标记是去 HTML 转义插入值。所需要做的是将所出现的<(小于)和>(大于)分别转换为<(左尖括号)和>(右尖括号)。

可以使用这个进行 HTML 转义用户输入，防止意想不到的 HTML 被注入文档中。编写函数，对给定字符串进行转义，如代码清单 8.4 所示。

代码清单 8.4　简单的 HTML 转义函数

```
function htmlEscape (str) {
  str = str.replace(/</g, '&lt;');
  str = str.replace(/>/g, '&gt;');
  return str;
}
```

这个函数使用正则表达式分别将字符<(小于)和>(大于)替换为<(左尖括号)和>(右尖括号)。拥有了这个技术，就可以很容易编写标记函数(见代码清单 8.5)。

代码清单 8.5　标记函数 htmlSafe

```
const htmlSafe = createTag(function(strs, vals){
    return interlace(strs, vals.map(htmlEscape));   ←───   只在待插入的值上
});                                                          调用 htmlEscape
```

这样做的好处在于，使用标记函数而不直接使用 htmlEscape 函数可以允许我们只瞄准要插入的值进行转义，如代码清单 8.6 所示。

代码清单 8.6　实现基本的 HTML 转义 DSL

```
const userInput = 'I <3 ES6!';                              &lt;strong&gt;I &lt;3
                                                            ES6!&lt;/strong&gt;
const a = htmlEscape(`<strong>${userInput}</strong>`);

const b = htmlSafe`<strong>${userInput}</strong>`;
                                                        <strong>I &lt;3 ES6!</strong>
```

注意字符串 a 如何将所有的 HTML 片段都转义了，而字符串 b 正确转义了<3。

8.3　创建一个将数组转换为 HTML 的 DSL

看看下面的代码，list 的值会是什么？

```
const fruits = ['apple', 'orange', 'banana'];

const list = expand`<li>${fruits}</li>`;
```

如果有一个实用程序，可以通过对数组的值进行循环扩展模板，生成下列的 HTML，那岂不美哉？

```
<li>apple</li>
<li>orange</li>
<li>banana</li>
```

让我们来看看如何构建它。其实很简单，只需要

● 　获得模板的第一个和最后一个部分
● 　获得插入的数组
● 　对数组中的项进行映射，使用模板的各部分将每一项包裹起来

所有这一切都转换为下面的代码：

```
const expand = function(parts, items){
  const start = parts[0];
  const end   = parts[1];
  const mapped = items.map(function(item){
    return start + item + end;
  });

  return mapped.join('');
};
```

现在，看看实践中如何实现它(见代码清单 8.7)。

代码清单 8.7　插入一组值而不是一个值的 DSL

```
const lessons = [
  'Declaring Variables with let',
  'Declaring constants with const',
  'New String Methods',
  'Template Literals',
]
const html = `<ul>${
  expand`<li>${lessons}</il>`
}</ul>`
```

HTML 变量现在看起来如下所示：

```
<ul>
  <li>Declaring Variables with let</li>
  <li>Declaring constants with const</li>
  <li>New String Methods</li>
  <li>Template Literals</li>
</ul>
```

目前，输出看起来与 HTML 一样，但依然只是一个字符串。可以更进一步，修改 expand 或制作另一个模板标记，将字符串转换为 DOM 节点。

本课小结

在这个顶点项目中，我们使用 let 和 const 定义变量，并使用模板字面量和标记模板字面量构建 DSL。这只是对 ES6 的新字符串功能的简单使用。单元 2 将探索对象和数组中新添加的特性。

单元 2

对象和数组

　　对象和数组一直是 JavaScript 的主力，作为随时待命的数据结构来组织数据。即使我们将在第 5 单元中学习新添加的数据结构：映射和集合，对象和数组也不会被冷落，它们依然与以前一样会被大量使用。

　　注意，我将对象和数组称为数据结构。有了字面量，可以很容易地将数据建构为复杂的结构，没有字面量，描述这种结构将非常乏味。你可能从来没有注意到相反过程的缺失，但是一旦你看到解构数据与建构数据一样容易，就会感觉到非常棒，此时如果要你返回到旧的方式解构数据，可能会感到有点别扭。基于一些非常充分的理由，解构是我最喜欢的 JavaScript 新增特性之一。开发人员会发现，在日常中使用解构可以让编码变得易读易写。但在跳到解构前，让我们先看看添加到对象和数组中的一些有用的新方法。我们也会看到一些非常受欢迎的关于对象字面量的新增特性，这些特性使对象字面量比以前更加强大。

最后，我们会探讨一个全新的基本数据类型——符号。我们通常使用符号来定义所谓的"元行为"，即改变或定义现有功能的钩子；也可以用它们来避免使用字符串时所遇到的各种命名冲突。

在本单元结束时，可以使用符号的独特性作为锁的钥匙，构建锁和钥匙结构。然后，可以使用这些锁和钥匙创建 Choose the Door 游戏——在这个游戏中，玩家试图使用得到的钥匙打开门。

第 *9* 课

新的数组方法

阅读第 9 课后，我们将：

- 知道如何使用 Array.from 构建数组；
- 知道如何使用 Array.of 构建数组；
- 知道如何使用 Array.prototype.fill 构建数组；
- 知道如何使用 Array.prototype.includes 搜索数组；
- 知道如何使用 Array.prototype.find 搜索数组。

数组可能是 JavaScript 中最常用的数据结构。虽然我们使用数组保存各种数据，但是有时将数据添加到数组中或从数组中取出数据并不容易。本课讨论一些新的数组方法，它们使得完成这些任务变得容易很多。

思考题：思考以下 jQuery 代码片段，这段代码使用特定的 CSS 类获得了所有 DOM 节点，并将它们设置为红色。如果要从头开始实现这个任务，必须考虑到什么？例如，如果要使用 document.querySelectorAll(返回一个 NodeList，而不是 Array)，那么如何遍历每个节点来更新它们的颜色？

```
$('.danger').css('color', 'red');
```

9.1 使用 Array.from 构建数组

假设要编写一个函数求平均数。这个函数接受任意的数字作为参数，返回所有这些数字的平均值。首先，要定义这个函数，如代码清单 9.1 所示。但是由于这段代码忘记了 arguments 对象并不是真正的数组，因此这种实现方式无法工作。在尝试使用这个函数后，我们得到了错误消息：arguments.reduce 不是函数，此时开发人员才可能意识到需要将 arguments 对象转换为数组。

代码清单 9.1 avg 版本 1：返回错误消息，因为参数不是数组

```
function avg() {
    const sum = arguments.reduce(function(a, b) {
      return a + b;
    });
    return sum / arguments.length;
}
```

在 ES6 之前，将类似于数组的对象转换为数组的一种通用方式是在类似数组的对象上应用 Array.prototype 的 slice 方法。在数组上调用 slice 而不传入任何参数会简单地创建一个浅副本数组，因此这种方法可行。在类似数组的对象上使用相同的逻辑也可以得到浅副本，但是所得到的副本是一个实际的数组：[1]

```
Array.prototype.slice.call(arrayLikeObject);

//或是更简短的版本
[].slice.call(arrayLikeObject);
```

记住，可以使用这种技巧将 arguments 对象转换为数组来修正 avg 函数，如代码清单 9.2 所示。

---

[1] 使用 Array.prototype.apply 的效果也一样。

代码清单 9.2　avg 版本 2：使用 slice 将 arguments 对象转换为数组

```
function avg() {
    const args = [].slice.apply(arguments);
    const sum = args.reduce(function(a, b) {
        return a + b;
    });
    return sum / args.length;
}
```

使用 Array.from 的话，就不需要这种快捷方式了。Array.from 的目的是接受类似数组的对象，获得真正的数组。类似数组的对象指的是具有 length 属性的任何对象。我们使用 length 属性来确定新数组的长度；任何小于 length 属性的整数属性都会作为对应的索引添加到新建的数组中。例如，字符串同时具有 length 属性和用来指示每个字符索引的数值属性。因此在字符串上调用 Array.from 将会返回字符数组。我们也可以使用这种技术将 arguments 对象转换为数组，如代码清单 9.3 所示。

代码清单 9.3　使用 Array.from 更新 avg 函数

```
function avg() {
    const args = Array.from(arguments);
    const sum = args.reduce(function(a, b) {
        return a + b;
    });
    return sum / args.length;
}

avg(1, 2, 3);          ◄——— 返回 2
avg(100, 104);         ◄——— 返回 102
avg(10 , 99, 5, 46);   ◄——— 返回 40
```

另一种常见用例是需要结合使用 Array.from 与 document.querySelectorAll 返回一串匹配的 DOM 节点，但是对象类型是 NodeList 而不是数组。

不要局限于在内置对象上使用 Array.from，可以在任何拥有 length 属性的对象上使用，即使这个对象仅有 length 属性：

```
Array.from({ length: 50 })
```

这与 new Array(50)完全一样，创建了一个新数组。但如果只是想创建仅有单个数值 50 的数组，而不是长度为 50 的数组，该怎么做呢？请阅读下一节寻找答案。

> **快速测试 9.1　使用 Array.from 重写下面的代码：**
> ```
> let nodes = document.querySelectorAll('.accordian-panel');
> ```

```
    let nodesArr = [].slice.call(nodes);
  nodesArr.forEach(activatePanel);
```

快速测试 9.1 答案

```
let nodes = document.querySelectorAll('.accordian-panel');
let nodesArr = Array.from(nodes);
nodesArr.forEach(activatePanel);
```

9.2　使用 Array.of 构建数组

允许函数在一些时候以某种方式处理参数，而在另一些时候以完全不同的方式处理参数，这样的设计通常被认为是很糟糕的设计。例如，上一节创建了 avg 函数，这个函数返回所有参数的平均值。现在，假设这个函数只有一个参数，那么可以预期只会返回这个数字，对不对？毕竟，一个数字的平均值就是其本身。但如果在只提供一个数字的情况下，函数进行了一些完全不同的操作，返回了这个数的平方根，那会怎么样？你可能会告诉我，这是一个很糟糕的设计，然而这种类型的混合行为恰恰是 Array 构造函数工作的方式。思考以下三个数组，其中一个不是其表面看起来的样子：

```
let a = new Array(1, 2, 3);          a 数组含有三个值：1、2、3
let b = new Array(1, 2);             b 数组含有两个值：1、2
let c = new Array(1);                最终，c 数组含有单个值：未定义
```

在声明 new Array(1)时，会得到只有未定义值的一个数组，这真是太奇怪了。[1] 出现这种情况的原因是由于 Array 构造函数中有一种特殊行为，如果只有一个参数，并且这个参数是整数，那么它就创建一个长度为 n 的稀疏数组，其中 n 就是作为参数传入的数字。为了避免这种古怪事情的发生，可以使用 Array.of 工厂函数，这个函数的工作机制更容易预测。

```
let a = Array.of(1, 2, 3);
let b = Array.of(1, 2);
let c = Array.of(1);
```

使用 Array.of 创建的数组是一样的，除了数组 c。从直观上讲，数组 c 包含了单个数值 1。此时，读者可能会想，为什么不使用数组字面量？例如：

1　甚至没有未定义的值在数组中，只留下了一个孔(hole)。

```
let a = [1, 2, 3];
let b = [1, 2];
let c = [1];
```

在大多数情况下，我们实际上更喜欢使用数组字面量创建数组。但在某些情况下，数组字面量行不通。使用数组的子类就是这样一种情况。[1]想象一下，在使用 Array 子类(称为 AwesomeArray)库时，由于这是 Array 的子类，因此这个类具有同样古怪的行为。我们不能简单地调用 new AwesomeArray(1)，因为这只会得到具有单个未定义值的 AwesomeArray。但在此处不能使用数组字面量，因为只会得到 Array 的实例。而不是 AwesomeArray 的实例。此时，可以使用 AwesomeArray.of(1)，得到具有单个数值 1 的 AwesomeArray 的实例。

现在，可以使用 Array.of(50)构造具有单个数值的数组，但是如果确实需要创建具有 50 个数值的数组呢？那么此时可以使用 new Array(50)，不过这依然还存在一个问题，我们将在下一节中谈论它。

快速测试 9.2　以下哪一项返回未定义值的数组？

```
new Array()
new Array(true)
new Array(false)
new Array(5)
new Array("five")
```

快速测试 9.2 答案
```
new Array(5)
```

9.3　使用 Array.prototype.fill 构建数组

想象一下，也许是客户的要求或是为了完成某个副业小项目，我们要创建井字棋游戏。无论出于什么原因，都需要创建有趣的井字棋。首先，需要确定如何实现棋盘。井字游戏的棋盘是 3×3 的网格，有 9 个槽。我们决定仅仅使用一个数组来实现棋盘，使用长度为 9 的数组来表示 9 个网格槽，其中可能的值为 X、O 或为空格。我们称这个数组为 board，但是需要使用 9 个空格来初始化棋盘。可以编写以下代码：

```
const board = new Array(9).map(function(i) {
```

---

1 在后面的单元中，我们将介绍类和子类。

```
    return ' '
})
```

此处的思维过程是使用 9 个未定义的值初始化数组，然后使用 map 将每个未定义的值转换成空格。但这是行不通的。当使用 new Array(9) 创建数组时，实际上没有添加 9 个未定义的值到新数组中，而仅仅是将新创建数组的 length 属性设置为 9。

如果读者对此感到困惑，那么让我们先介绍一下数组在 JavaScript 中的工作方式。数组并不像人们所认为的那样特殊。除了有一个字面量语法，如[...]，它与任何其他的对象并无差异。在创建数组时，如['a', 'b', 'c']，其数组内部看起来如下所示：

```
{
    length: 3,
    0: 'a',
    1, 'b',
    2, 'c'
}
```

当然，它也从 Array.prototype 继承一些方法，如 push、pop、map 等。在执行 map 和 forEach 等迭代操作时，数组会在内部先检查长度，然后从索引 0 开始到索引等于 length 时结束，查看自身的任何属性。

当通过 new Array(9) 创建数组时，许多开发人员认为数组的内部如下所示：

```
length: 9,
    0: undefined,
    1: undefined,
    2: undefined,
    3: undefined,
    4: undefined,
    5: undefined,
    6: undefined,
    7: undefined,
    8: undefined
}
```

但是事实上，它的内部是这样的：

```
{
    length: 9
}
```

此处，length 为 9，而不是实际有 9 个值。我们称这些缺失值为 hole(孔)。hole 不能调用像 map 这样的方法，因此这就是开发人员尝试创建具有 9 个空格的数组却无法实现的原因。称为 fill 的新方法可以使用指定的值填充数组。在填充数组时，给定的索引位置是一个值还是一个孔都无所谓，因此这个方法可以很好地为开发人员所用：

```
const board = new Array(9).fill(' ')
```

我们已经介绍了几种用于构建含有所需值的数组的方法。现在，让我们来看看(一旦构建好数组)搜索这些值的一些新方法。

快速测试 9.3　　arrayA 和 arrayB 之间有什么区别？

```
let arrayA = new Array(9).map(function() { return 1 });
let arrayB = new Array(9).fill(1);
```

快速测试 9.3 答案

由于变量 arrayA 实际上并不包含能够进行映射的任何值，因此它不能准确创建具有 9 个 1 的数组，但是变量 arrayB 准确创建了具有 9 个 1 的数组。

9.4　使用 Array.prototype.includes 搜索数组

第 6 课学习了在字符串的原型上有一个称为 includes 的方法，使用这个方法可以确定字符串是否包含了某个值。数组也有这种方法，与字符串方法的工作方式类似，如代码清单 9.4 所示。

代码清单 9.4　使用 includes 来检查数组中是否包含某个值

```
const GRID = 'grid';
const LIST = 'list';
const availableOptions = [GRID, LIST];

let optionA = 'list';
let optionB = 'table';

availableOptions.includes(optionA); ◀────── 真
availableOptions.includes(optionB); ◀────── 假
```

使用 String.prototype.includes 方法可以检查字符串是否包含某个子字符串。Array.prototype.includes 的工作方式类似，不过检查的是数组某个索引处的值是否为所检查的值。

先前，我们使用 indexOf 来确定某个值是否在数组内。例如：

```
availableOptions.indexOf('list'); ◀────── 1
```

这是可行的，但是如果开发人员忘记了需要将结果与-1 而不是真值进行比较，那么往往会导致错误发生。如果给定的值在索引 0 处，那么这会返回 0，也就是 falsy 值，反之亦然；如果找不到值，则返回-1，为 truthy 值。但是使用 includes 可以避免这种意想不到的错误，它返回的是布尔值，而不是索引。

> **truthy 值和 falsy 值**
>
> 回顾一下，falsy 值是判定为 false 的任何值：false、undefined、null、NaN、0 和空字符串""。truthy 值是判定为 true 的任何值，未列在 falsy 值列表中的任何值都是 truthy 值，包括负数。

9.5　使用 Array.prototype.find 搜索数组

假设我们从数据库缓存中得到了数组记录。当用户使用 ID 请求某个记录时，程序首先会检查缓存，看看是否有记录，如有，就返回记录，这样就无须再次查询数据库。最终，所编写的代码与代码清单 9.5 类似。

代码清单 9.5　即使只需要一条记录，filter 方法也会返回所有匹配的记录

```
function findFromCache(id) {
    let matches = cache.filter(function(record) {
        return record.id === id;
    });
    if (matches.length) {
        return matches[0];
    }
}
```

代码清单 9.5 中的 findFromCache 函数肯定能够做到这一点，但是如果缓存中有 10 000 条记录，而它在第 100 次尝试时就找到了目标记录，在这种情况下，会发生什么呢？在当前的实现中，这个方法会检查剩余的 9 900 条记录，然后返回找到的记录。这是由于 filter 的目标是返回所有匹配的记录。如果只需要匹配一条记录，一旦找到了这条记录，就返回记录，那么就要使用 Array.prototype.find：它搜索数组的方式与 Array.prototype.filter 很像，但是只要它找到匹配项，它就立即返回匹配项，停止搜索数组。

重写 findFromCache 函数，以如下方式使用 find 函数：

```
function findFromCache(id) {
    return cache.find(function(record) {
```

```
        return record.id === id;
    });
}
```

find 方法的另一个好处是，它返回的是匹配的项，而不是匹配项的数组，因此无须将匹配项从数组中提出，可以直接返回 find 的结果。

快速测试 9.4　在下面的代码片段中，变量 result 被设置为何值？

```
let result = [1, 2, 3, 4].find(function(n) {
    return n > 2;
});
```

快速测试 9.4 答案
由于 3 是满足条件的第一个值，因此变量 result 将被设置为 3，而不是[3，4]。

本课小结

本课的目的是介绍数组中新添加的一些最有用的方法。

- Array.from 创建的数组中包含了类数组对象中的所有值。
- Array.of 使用所提供的值创建数组，并且这种方法比 new Array 更安全。
- Array.prototype.includes 检查数组在某个索引处是否包含某个值。
- Array.prototype.find 基于标准函数搜索数组，返回找到的第一个值。
- Array.prototype.fill 使用指定的值填充数组。

下面看看读者是否理解了这些内容：

Q9.1　实现入门练习中的函数。无须担心重建所有的 jQuery。只需要写出实现方法，使下面的代码片段可以工作：

```
$('a').css('background', 'yellow').css('font-weight', 'bold');
```

第 *10* 课

Object.assign

阅读第 10 课后，我们将：

- 知道如何使用 Object.assign 设置默认值；
- 知道如何使用 Object.assign 扩展对象；
- 知道在使用 Object.assign 时如何防止变化；
- 了解 Object.assign 如何赋值。

像 Underscore.js 和 Lodash.js 这样的库已经成为 JavaScript 的公用程序。它们提供了常见任务的解决方案，这样普通的开发人员就不需要为每个项目重新制造轮子。某些任务非常普遍，定义也非常清晰，因此将这些普遍的任务包括在 JavaScript 语言内就变得非常合理。Object.assign 就是这样的一种方法。使用 Object.assign 的话，我们无须编写大量的样板代码，就可以轻松地设置默认值，或者在原位(或副本中)扩展对象。

> **思考题**：JavaScript 对象可以通过原型链继承另一个对象的属性。但是任何给定对象只能有一个原型。如何设计一种方法，让对象继承多个源对象？

10.1　使用 Object.assign 设置默认值

假设你最喜爱的本地披萨店联系你，请求建立一个披萨追踪网站。这种想法是利用全球定位系统，让客户清楚地看到，他们所订购的披萨在送达过程中的确切位置。你表明了自己喜欢他们的披萨，因此可以帮助他们把披萨的位置放在地图上。当你着手建立这个网站时，认为需要函数生成从披萨店到送货地址的地图。这个函数接受 options 参数，指定地图的宽度、高度和坐标。问题在于如果其中任何一个值未得到设置，那么需要使用合理的默认值。其中一种方法如代码清单 10.1 所示：

代码清单 10.1　基本的披萨追踪地图

```
function createMap(options) {

  const defaultOptions = {
    width: 900,
    height: 500,
    coordinates: [33.762909, -84.422675]
  }

  Object.keys(defaultOptions).forEach(function(key) {
    if ( !(key in options) ) {
      options[key] = defaultOptions[key];
    }
  });

  // ...
}
```

在这个实现方法能够解决实际问题前，还有许多事情需要做，它仅仅分配了默认值。使用 Object.assign 重新实现默认值：

```
function createMap(options) {

  options = Object.assign({
    width: 900,
    height: 500,
    coordinates: [33.762909, -84.422675]
```

```
    }, options);

    // ...
}
```

　　使用 Object.assign 要比最初的方法更加简洁。Object.assign 接受任意数量的对象作为参数，将后续对象的值赋给第一个对象(见图 10.1)。如果任何对象包含相同的键，那么列表中右边的对象将会覆盖左边的对象，如下所示：

```
let a = { x: 1, y: 2, z: 3 };
let b = { x: 5, y: 6 };
let c = { x: 12 };

Object.assign(a, b, c);

console.log(a);  ◄——————  {x: 12, y: 6, z: 3}
```

首先，将b赋给a，覆盖了现有的任意属性：

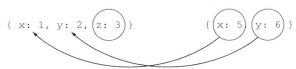

其次，将c赋给a，覆盖了现有的任意属性：

最后的结果变成了：
```
{ x: 12, y: 6, z: 3 }
```
b和c保持不变。

图 10.1　使用 Object.assign 分配值

　　在使用 Object.assign 设置此类默认值的情况下，基本上就是先接受不完整的对象，然后填充缺失的值。另一种常见的任务是接受完整的对象，然后使用自定义的变型扩展它们。

　　快速测试 10.1　在下列使用 Object.assign 的用例中，后来 a 和 b 被设置为什么？
```
    let a = { city: 'Dallas', state: 'GA' };
    let b = { state: 'TX' };

Object.assign(a, b);
```

10.2　使用 Object.assign 扩展对象

Object.assign 的另一种常见用例是添加额外的属性到现有的对象中。例如，假设正在构建宇宙飞船游戏。游戏中有一艘基本型宇宙飞船和一些其他的专业型宇宙飞船。专业型宇宙飞船都具有基本型宇宙飞船的特征，但是却各自有额外或增强的技能。首先编写创建基本型宇宙飞船的函数，如下所示：

```
function createBaseSpaceShip() {
  return {
    fly: function() {
      // ... fly 函数的实现
    },
    shoot: function() {
      // ... shoot 函数的实现
    },
    destroy: function() {
      // ... 用于飞船销毁时的函数
    }
  }
}
```

接下来，为了创建专业型宇宙飞船，先创建基本型宇宙飞船的副本，然后使用特殊的特性扩展它，如代码清单 10.2 所示。

代码清单 10.2　给宇宙飞船添加炸弹属性

```
function createBomberSpaceShip() {
  let spaceship = createBaseSpaceShip();

  Object.assign(spaceship, {
    bomb: function() {
      // ... 让飞船扔下炸弹
    }
  });

  return spaceship;
}

let bomber = createBomberSpaceShip();
bomber.shoot();
```

```
bomber.bomb();
```

首先，创建一个基本的宇宙飞船对象，然后使用 Object.assign 添加一个额外的炸弹属性。使用这种技术可以创建几种增强型宇宙飞船。这个函数确实有很多样板，如果开发人员打算重用这个技术，可以创建辅助函数，来增强基本型宇宙飞船(如代码清单 10.3 所示)。

代码清单 10.3　用于增强基本型宇宙飞船的辅助函数

```
function enhancedSpaceShip(enhancements) {
  let spaceship = createBaseSpaceShip();

  Object.assign(spaceship, enhancements);

  return spaceship;
}

function createBomberSpaceShip() {
  return enhancedSpaceShip({
    bomb: function() {
    // ... 让飞船扔下炸弹
    }
  });
}

function createStealthSpaceShip() {
  return enhancedSpaceShip({
    stealth: function() {
      // ... 让飞船隐身
    }
  });
}

let bomber = createBomberSpaceShip();bomber.shoot();
bomber.bomb();

let stealthship = createStealthSpaceShip();
stealthship.shoot();
stealthship.stealth();
```

现在，创建了 enhancedSpaceShip 函数，这个函数接受增强的对象作为参数。这种增强可以是新的特性，也可以覆盖现有特性。注意一下到目前为止，在每个示例中，开发人员是如何创建对象并改变对象的。有些时候，这是我们所需要的，但是通常我们只是想要一个副本。

> **快速测试 10.2**　使用 Object.assign 创建扩展了基本型宇宙飞船的飞船，使其拥有 warp 函数。

快速测试 10.2 答案

```
function createWarpSpaceShip() {
  return enhancedSpaceShip({
    warp: function() {
      // ... 让宇宙飞船达到曲速
    }
  });
}
```

10.3　在使用 Object.assign 时防止对象改变

通常，在对对象进行修改时，程序员不喜欢改变现有对象，而是希望返回一个具有所需改变的副本。其中一个原因是为了防止当前引用对象的一些其他程序由于所引用的对象发生改变，而失去对对象的控制。例如，在宇宙飞船的示例中，如果没有创建基本型宇宙飞船对象副本的函数，那么此时该怎么办？如果只有一个基本型宇宙飞船对象，又该怎么办？在这些情况下，每次调用 Object.assign 来得到增强型宇宙飞船时，都得增强基本型宇宙飞船，这不是我们所要的。我们需要的是一个副本，而使得基本型宇宙飞船不发生变化。你可能认为 const 在此处可以有所帮助，但实际上它无济于事。请记住，const 只能防止使用新对象重写变量；它不能防止修改(改变)现有对象。

由于 Object.assign 改变了参数列表中的第一个对象，使其余对象保持不变，因此一种常见的做法就是使得第一个对象为空字面量对象：

```
let newObject = {};
Object.assign(newObject, {foo: 1}, {bar: 2});
console.log(newObject);   ←—— {foo: 1, bar: 2}
```

在此情况下，如果先创建空对象，再将它传递给 Object.assign，则很不方便。方便的是，Object.assign 也返回变化后的对象，因此可以缩短代码，如下所示：

```
let newObject = Object.assign({}, {foo: 1}, {bar: 2});
console.log(newObject);   ←—— {foo: 1, bar: 2}
```

重写宇宙飞船示例，使用基本型对象和增强函数制作一个增强型对象，如代码清单 10.4 所示。

代码清单 10.4　复制宇宙飞船

```
const baseSpaceShip = {
  fly: function() {
```

```
      // ... fly 函数的实现
   },
   shoot: function() {
      // ... shoot 函数的实现
   },
   destroy: function() {
      // ... 用于飞船销毁时的函数
   }
}

function enhancedSpaceShip(enhancements) {
   return Object.assign({}, baseSpaceShip, enhancements);
}

function createBomberSpaceShip() {
   return enhancedSpaceShip({
      bomb: function() {
         // ... 让飞船扔下炸弹
      }
   });
}

function createStealthSpaceShip() {
   return enhancedSpaceShip({
      stealth: function() {
         // ... 让飞船隐身
      }
   });
}
```

传递 {} 作为第一个参数，Object.assign 生成一个副本

注意，因为开发人员已将增强技术抽象出来，自身作为一个函数，因此在修改其工作方式时，无须对 createBomberSpaceShip 或 createStealthSpaceShip 函数做出任何改变。

此时，你可能会认为 Object.assign 基本上就是从右向左合并对象。其实这样讲不确切；它仅仅从左向右赋值。我们接下来会讨论这种细微的区别。

快速测试 10.3　使用 Object.assign 编写一个名为 createStealthBomber 的函数，这个函数用于创建将轰炸机和隐形宇宙飞船结合起来的宇宙飞船。

快速测试 10.3 答案

```
function createStealthBomber() {
   const stealth = createStealthSpaceShip();
   const bomber = createBomberSpaceShip();
   return Object.assign({}, stealth, bomber);
}
```

10.4   如何使用 Object.assign 赋值

在定义和赋值之间有细微差别。将某个值赋给现有属性并非定义了属性的行为(Object.defineProperty 的工作方式)。如果对不存在的属性进行赋值，那么这种赋值就相当于定义属性。Object.assign 没有定义(或重新定义)属性，而是对它们赋值，这一点非常重要。在大部分的情况下，这种区别不会造成任何不同，但是有时还是有所不同。让我们来探讨这种区别吧：

```
let person = {
  name: 'JD'
}

Object.assign(person, { name: 'JD Isaacks' })
```

前面的函数如预期的那样进行工作。但如果 name 属性不是单纯的字符串，而是确保 name 不包含空格的 getter 和 setter，那么事情会怎样？

```
let person = {
  __name: 'JD',
  get name() {
    return this.__name
  },
  set name(newName) {
    if (newName.includes(' ')) {
      throw new Error('No spaces allowed!')
    } else {
      this.__name = newName
    }
  }
}

person.name = 'JD Isaacks'  ◄—— Error: No spaces allowed!
```

正如所看到的，如果开发人员将字符串赋值给 name，就要使用 setter 函数处理，此时如果字符串中包含空格，程序就会抛出一个错误。如果开发人员使用 Object.assign，由于 Object.assign 仅仅进行了赋值，而不会重新定义属性，因此程序也会抛出相同的错误：

```
Object.assign(person, { name: 'JD Isaacks' })  ◄—— Error: No spaces allowed!
```

此外，Object.assign 只对对象本身可枚举的属性赋值，这意味着它不会对对象原型链上的属性或设置为不可枚举的属性赋值。这通常对我们有好处。下面的示例说明了这一点：

```
let numbers = [1, 2, 3]
let summableNumbers = Object.assign({}, numbers, {
  sum: function() {
    return this.reduce(function(a, b) {
      return a + b
    })
  }
})

summableNumbers[0]  ◄──── 1
summableNumbers.sum()  ◄──── TypeError：this.reduce 不是函数
```

　　为什么会得到一个错误？这是因为 reduce 方法是在 numbers 数组的原型链上，而不是在 numbers 数组本身之上。直接在 numbers 数组上的属性只有 0、1 和 2，就是其所包含的三个值。因此，我们可以将这三个值赋给新对象，但是数组原型上的方法(如 pop、push 和 reduce)不能赋给新对象。开发人员可以对拥有所需的所有方法的空数组进行赋值，使得上面的代码可以工作：

```
let summableNumbers = Object.assign([], numbers, {  ◄──── 分配给一个空数组，而
  // ...                                                   不是一个空对象
})
```

　　大多数时候，人们在开发人员所说的 POJO(简单的 JavaScript 对象)上调用 Object.assign，它们没有 getter、setter 或原型，因此这些问题不会成为问题。这种类型的对象是开发人员使用对象字面量{...}语法创建的。

> **快速测试 10.4　在控制台上将显示什么内容？**
> ```
> let doubleTheFun = {
>   __value: 1,
>   get value() {
>     return this.__value
>   },
>   set value(newVal) {
>     this.__value = newVal * 2
>   }
> }
> console.log( Object.assign(doubleTheFun, { value: 2 }).value );
> ```

快速测试 10.4 答案

4

本课小结

本课学习了如何使用 Object.assign 及这样使用的原因等基本知识。

- Object.assign 将来自多个对象的值属性分配给基本型对象。
- Object.assign 可以用来填充默认值。
- Object.assign 可使用新属性扩展对象。
- Object.assign 返回改变的对象，使用 {} 作为第一个参数将创建一个副本。
- Object.assign 只分配值给属性，不重新定义属性。

下面看看读者是否理解了这些内容：

Q10.1 本课创建了基本型宇宙飞船和继承基本型宇宙飞船的一些其他宇宙飞船，甚至制造了继承多种宇宙飞船的隐形轰炸机。请创建彼此继承的另一系列的对象，如乘用车、动物王国、视频游戏中的人物以及其他任何能想到的对象。

第11课

解　构

阅读第 11 课后，我们将：

- 知道如何解构对象；
- 知道如何解构数组；
- 知道如何结合数组解构和对象解构；
- 了解可以解构的类型。

与其他编程语言一样，JavaScript 也有对象和数组这样的数据结构，这允许开发人员将数据建构为逻辑组，将它们视为单一的数据块。JavaScript 一贯支持建构的概念，即使用简洁的语法，接受几条数据，将它们整理成某种数据结构。但这并不全面：JavaScript 一直缺少相反的语法，接受现有数据结构，将它们解构为组成此数据结构的数据。

> **思考题**：在下面的代码中有两个部分。第一部分建立数据结构，第二部分分解数据结构。你可能已经想出了一个办法，使用对象字面量清理所创建的数据结构，但是如何清理拆除的数据结构呢？
>
> ```
> // 不需要结构化就可以创建数据结构
> let potus = new Object();
> potus.name = new Object();
> potus.name.first = 'Barack';
> potus.name.last = 'Obama';
> potus.address = new Object();
> potus.address.street = '1600 Pennsylvania Ave NW';
> potus.address.region = 'Washington, DC';
> potus.address.zipcode = '20500';
>
> // 不需要解构就可以分解数据结构
> let firstName = potus.name.first;
> let lastName = potus.name.last;
> let street = potus.address.street;
> let region = potus.address.region;
> let zipcode = potus.address.zipcode;
> ```

11.1　解构对象

　　想象一下，编写一个不使用对象字面量的应用程序有多么的乏味。在编写这种代码之前，开发人员可能都想放弃编写 JavaScript 代码。但在解构对象时，开发人员总是要进行相同的乏味过程。一旦开发人员发现解构对象的方式与建构对象的方式一样愉快，应该就不会想着退缩了。让我们从观察一个简单的示例开始：

```
let person = {        ◀──── 创建数据结构
  name: 'Christina'
}

let { name } = person;    ◀──── 解构数据结构

console.log(name);    ◀──── Christina
```

　　在本示例中，开发人员使用对象字面量，以结构化的方式创建了对象。这样做就可以以一种非常简洁的方式，指定开发人员要在结构上设置的属性。此后，开发人员使用解构语句解构数据结构，指定希望提取出 name 属性，并赋值给变量。

　　在这个简单的示例中，还看不出解构有什么优势，但是通常情况下，用例越复杂，我们就能越明显地看到解构的作用：

```
let person = {
  name: 'Christina',
  age: 25
}

let { name, age } = person;

console.log(name, age);  ←——— "Christina" 25
```

当开发人员解构这样的一个对象时，指定了所抽取对象中的名称字段，并将此值赋给具有相同名称的变量。ES5 中对应的代码如下所示：

```
let name = person.name;
let age = person.age;
```

但如果开发人员想使用不同的名称，会发生什么情况？

```
let firstName = person.name;
let yearsOld = person.age;
```

在解构时，开发人员可以指定使用不同的名称，如下所示：

```
let { name: firstName, age: yearsOld } = person;
```

这创建了 firstName 和 yearsOld 变量，并使用 person.name 和 person.age 分别对它们赋值。因为这与建立数据结构的方式恰好相反，所以代码看起来很优雅：

```
let person = { name: firstName, age: yearsOld };
```

开发人员可以嵌套解构，深入数据结构内部，提取不同层次数据结构中的数据：

```
let geolocation = {
  "location": {
    "lat": 51.0,
      "lng": -0.1
  },
  "accuracy": 1200.4
}

let { location: {lat, lng}, accuracy } = geolocation;

console.log(lat); // 51.0
console.log(lng); // -0.1
console.log(accuracy); // 1200.4
console.log(location); // undefined
```

使用语法 key：{otherKeys}表明要钻取所指定的 key，从中抽取出 otherKeys。

此处开发人员指定了要从 location 属性中抽取出 lat 和 lng 属性。同时，注意未创建 location 变量，程序仅仅是钻取了它。

> **快速测试 11.1**　如何重写先前的解构语句，将 lng 属性赋给名为 lon 的变量？

快速测试 11.1 答案

```
let {location: {lat, lng: lon}, accuracy} = geolocation;
```

11.2　解构数组

上一节介绍了对象解构语法与对象建构语法恰好相反。与此类似，数组解构语法与数组建构语法也恰好相反(参见图 11.1)。

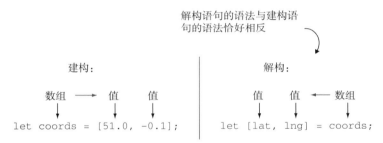

图 11.1　建构语法与解构语法

```
let coords = [51.0, -0.1];

let [lat, lng] = coords;

console.log(lat);          ⟵  51.0
console.log(lng);          ⟵  -0.1
```

由于对象通过键或名称追踪其值，因此它们必须通过相同的键/名称来提取。由于数组通过位置索引来追踪值，因此在解构数组时，变量的位置被我们用来指定所要解构的内容。

与解构对象一样，也可以对数组进行嵌套解构：

```
let location = ['Atlanta', [33.7490, 84.3880]];

let [ place, [lat, lng] ] = location;

console.log(place); // "Atlanta"
```

```
console.log(lat); // 33.7490
console.log(lng); // 84.3880
```

我逐渐喜欢的一种风格是使用数组解构获得数组的第一个值：

```
let [firstValue] = myArray;

// vs

let firstValue = myArray[0];
```

在讨论 let 的课程中，为了在两个变量之间进行值转换，需要创建第三个临时变量，防止值在转换之前丢失：

```
if (stop < start) {
  //反转值
  let tmp = start;
  start = stop;
  stop = tmp;
}
```

通过使用解构，不需要临时变量就可以实现相同的目标：

```
if (stop < start) {
  //反转值
  [start, stop] = [stop, start];
}
```

> **快速测试 11.2**　在前一个示例中，如果数组以相反的顺序存储 lat/lng 值，那么会发生什么情况？如何将它们提取出来并赋值给对应的变量？

快速测试 11.2 答案

由于数组解构与索引(而不是与名称)紧密相连，因此我们可以简单地在解构语句中反转名称顺序：

```
let location = ['Atlanta', [84.3880, 33.7490]];
let [ place, [lng, lat] ] = location;
```

11.3　结合数组解构和对象解构

与创建数据结构时可以结合对象和数组字面量的使用一样，也可以结合对象和数组的解构语句：

```
let geoResults = {
  coords: [51.0, -0.1],
  ...
}

let { coords: [ latitude, longitude ] } = geoResults;

console.log(latitude, longitude)  ←——— 51.0 -0.1
```

由于这使用对象解构钻取到数组解构，因此这也是嵌套解构的一种形式。

另外注意在本示例中，解构赋值时使用了名称 coords，但是却没有创建名为 coords 的变量，只创建了 latitude 和 longitude 变量。名称 coords 的使用只是为了钻取和指定所解构的数组。我们可以认为在解构赋值中，coords 是分支，latitude 和 longitude 是叶子。分支不创建变量，只有叶子才创建变量。思考以下代码：

```
let product = {
  name: 'Whiskey Glass',
  details: {
    price: 18.99,
    description: 'Enjoy your whiskey in this glass'
  },
  images: {
    primary: '/images/main.jpg',
    others: [
      '/images/1.jpg',
      '/images/2.jpg'
    ]
  }
}

let {
  name,
  details: { price, description},
  images: {
    primary,
    others: [secondary, tertiary]
  }
} = product;

console.log(name);        ←——— Whiskey Glass
console.log(price);       ←——— 18.99
console.log(description); ←——— Enjoy your whiskey in this glass.
console.log(primary);     ←——— /images/main.jpg
console.log(secondary);   ←——— /images/1.jpg
```

```
console.log(tertiary);  ◄———  /images/2.jpg

console.log(details);  ◄———  undefined
console.log(images);  ◄———  undefined
console.log(others);  ◄———  undefined
```

在前面的解构赋值中，如果标出了哪些值用作分支，哪些值用作叶子，就可以很容易地知道创建哪些变量(参见图 11.2)。

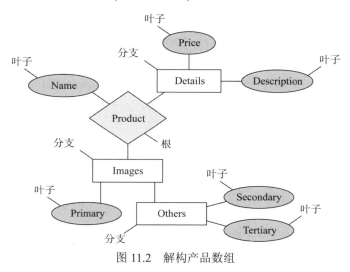

图 11.2 解构产品数组

11.4 可以解构的类型

可以对任何对象甚至是数组进行解构。但是由于数字不能作为有效的变量名，因此在解构赋值时，要重命名这些数字：

```
const { 0:a, 1:b, length } = ['foo', 'bar']

console.log(a)       ◄———  foo
console.log(b)       ◄———  bar
console.log(length)  ◄———  2
```

数组解构相对严格，但是比起数组，它们使用的频率高得多。任何实现了 iterable 协议(我们将会在后面的单元中探讨)的对象都可以使用数组解构进行解构。可以迭代的对象的一个示例为 Set，我们将在本书后面的章节中探讨它；另一个示例为 String。

```
const [first, second, last] = 'abc'

console.log(first)  ◄———  a
```

```
console.log(second)     ◄────── b
console.log(last)       ◄───── c
```

在本书的后面章节中可以发现，也可以对所创建的自定义的迭代对象使用数组解构。

本课小结

本课学习了解构的机制，让我们明白了这个技术大有用途的原因。

- 解构是从数据结构中检索值的语法糖。
- 解构与使用对象/数组字面量进行建构的语法恰好互补(相反)。
- 在对象解构中，通过属性名称指定值。
- 在数组解构中，通过索引指定值。
- 与数据结构一样，解构可以组合和嵌套。
- 在嵌套解构的情况下，只检索叶子(而不是分支)。

下面看看读者是否理解了这些内容：

Q11.1　现在，将入门练习的代码转换为单个解构语句：

```
let firstName = potus.name.first;
let lastName = potus.name.last;
let street = potus.address.street;
let region = potus.address.region;
let zipcode = potus.address.zipcode;
```

此外，尝试将以下代码转换为单个解构语句：

```
let firstProductName = products[0].name
let firstProductPrice = products[0].price
let firstProductFirstImage = products[0].images[0]

let secondProductName = products[1].name
let secondProductPrice = products[1].price
let secondProductFirstImage = products[1].images[0]
```

第 *12* 课

新对象字面量语法

阅读第 12 课后，我们将：

- 知道如何使用简写属性名称；
- 知道如何使用简写方法名称；
- 知道如何使用计算属性名称。

在 JavaScript 中，我不认为有任何东西与对象字面量一样普及。对象字面量无处不在。有一个使用如此频繁的工具，这给提高生产力带来了巨大的正面影响。ES2015 中为对象字面量所引入的三种句法的新特性使得对象字面量更容易阅读和编写。虽然这并没有增添新功能，只是使得代码更易读写，但这是一个非常重要的特性，特别是在维护阶段。

> **思考题**：观察下列对象字面量，其中哪些部分是冗余的？如果所编写的是 JavaScript 感知的字符串压缩引擎，那么在依然能够重建原始对象的情况下，哪些部分可以安全移除？
>
> ```
> const redundant = {
>   name: name,
>   address: address,
>   getStreet: function() { /* ... */ },
>   getZip:    function() { /* ... */ },
>   getCity:   function() { /* ... */ },
>   getState:  function() { /* ... */ },
>   getName:   function() { /* ... */ },
> }
> ```

12.1　简写属性名称

在 ES6 之前，我们都会不可避免地多次创建对象字面量，并且对象字面量有某个键或属性与赋给它的变量同名：

将属性 text 赋给名为 text 的变量

```
const message = { text: text }
```

我一直认为这看起来很笨拙，幸亏有了 ES6 的简写属性名称，才使得这成为过去时。先前的对象字面量现在可以简洁地写成：

将属性 text 分配给名为 text 的变量

```
const message = { text }
```

与解构结合使用时，这也可以非常好地工作：

从 getState 返回的对象中提取出 count

```
function incrementCount(amount) {
  let { count } = stateManager.getState()
  count += amount              更新 count 值
  stateManager.update({ count })
}
```

传递对象字面量，名为 count 的属性
被设置为新的 count

通过使用简写属性名称，如果属性与所分配给它的变量同名，那么可以简单地列出一个名称即可。这意味着，原先写为{ count: count }的对象字面量现在可以写为{ count }，并且指的是同一事情(参见图 12.1)。

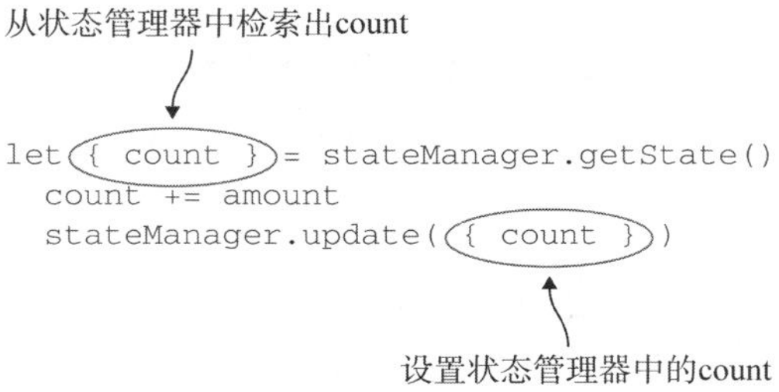

从状态管理器中检索出count

```
let { count } = stateManager.getState()
  count += amount
  stateManager.update({ count })
```

设置状态管理器中的count

图 12.1　使用简写属性名称

注意在使用 { count } 获得 count 与使用 { count } 传递回 count 之间的对称性。我个人认为，这种对称性非常优雅。

在对象字面量中，简写属性可以与任何其他属性或方法混合或匹配。在代码清单 12.1 中，shorthand 对象字面量和 longhand 对象字面量是等效的。

代码清单 12.1　混合 shorthand 对象字面量和 longhand 对象字面量

```
const lat = 33.762909;
const lng = -84.422675;
const accuracy = 1200.4;

const shorthand = {
  name: 'Atlanta',
  accuracy,
  location: {
    lat,
    lng
  }
};

const longhand = {
  name: 'Atlanta',
  accuracy: accuracy,
  location: {
    lat: lat,
    lng: lng
  }
}
```

简洁的属性名称使用匹配的键/值名使得对象字面量化繁为简。在对象字面量中，还有什么其他内容是冗余的呢？那就是方法。

快速测试 12.1　使用简写属性名称改写下列对象字面量。

```
let foo, bar, bizz, bax = {
  foo: foo, bar: bar,
  biz: bizz
}
```

快速测试 12.1 答案

```
let foo, bar, bizz, bax = {
  foo, bar, biz: bizz
}
```

12.2　简写方法名称

　　假设某个团队正在创建教小学生数学的游戏。在整个的游戏会话中，游戏必须追踪一些事物的状态(如游戏者的名字、目前的等级、正确/不正确的答案数目、哪些问题已提过了等)。可以从使用下列简单的状态管理器开始：

```
function createStateManager() {
  const state = {};
  return {
    update: function(changes) {
      Object.assign(state, changes);
},
    getState: function() {
      return Object.assign({}, state);
    }
  }
}
```

　　此处使用 function 有点多余。由于函数通常都有参数列表()，并且在变量或属性名称处使用括号不合法，因此()的出现就足以表明这是一个方法。简写方法名称就允许这样操作。

　　这与简写属性名称中的方式如出一辙，无须输入“: name”，{ count: count } 变成{ count }。简写方法名称无须输入“: function”，{ update: function(){}} }简写为{ update(){}} }。参见图 12.2。

```
const verbose = {
  method: function() {
    //....
  },
  name: name
}
```

简写方法
remove：function

简写属性
remove：name

```
const concise= {
  method() {
    //...
  },
  name
}
```

图 12.2　简写方法名称移除冗余语法

所以可以使用简写方法名称重写 createStateManager：

```
function createStateManager() {
  const state = {};
  return {
    update(changes) {
      Object.assign(state, changes);
    },
    getState() {
      return Object.assign({}, state);
    }
  }
}
```

程序将简写方法视为匿名函数，而不是命名函数，理解这一点很重要，这意味着不能通过函数内部的名称来引用函数：

```
const fibonacci = {
  at(n) {
    if (n <= 2) return 1;
    return at(n - 1) + at(n - 2);
  }
}

fibonacci.at(7)
```

ReferenceError：未定义 at

在代码清单 12.2 中，withShorthandFunctiono 对象字面量(去糖化)的求值方式与 withAnonymousFunction 对象类似，但与 withNamedFunction 对象不同。

代码清单 12.2　简写方法是匿名函数

```
const withShorthandFunction = {
```

```
  fib() {
    // ...
  }
}
const withNamedFunction = {
  fib: function fib() {
    // ...
  }
}
const withAnonymousFunction = {
  fib: function() {
    // ...
  }
}
```

只有在函数自引用的情况下，这才有关系，这意味着函数与使用递归一样，引用了自身。正因为如此，才确定使用简写语法的 at 方法是不能工作的。如代码清单 12.3 所示，可以使用 this.at 来尝试解决这个问题。只要在 this.at 可以解析回函数的上下文中调用这个函数，那么这就行得通。如果函数独立出来了或连接到了不同的名称，则这种方式就不会起作用。

代码清单 12.3   使用 this.at 的递归函数

```
const fibonacci = {
  at(n) {
    if (n <= 2) return 1;
    return this.at(n - 1) + this.at(n - 2);
  }
}
const { at } = fibonacci;
const fib = { at };
const nacci = { find: at };

fibonacci.at(7);     ◄——— 13
at(7);               ◄——— 抛出 ReferenceError
fib.at(7);           ◄——— 13
nacci.find(7);       ◄——— 抛出 ReferenceError
```

总之，如果函数需要自我引用，那么请不要使用简写方法名称。

简洁的属性和方法减少了对象字面量的冗余。下一节将讨论使用计算属性名称移除更多冗余代码。

快速测试 12.2 使用简写方法名称重写下列对象字面量:

```
const dtslogger = {
  log: function(msg) {
   console.log(new Date(), msg);
  }
}
```

快速测试 12.2 答案

```
const dtslogger = {
  log(msg) {
    console.log(new Date(), msg);
  }
}
```

12.3 计算属性名称

假设目前正在使用状态管理器,要使它与另一个提供需要存储在状态中的值的库一起使用。问题是这个库不以对象的形式提供键/值对,因此无法将键/值对传递给状态管理器的 update 函数。相反,这另一个库以数组的形式提供键/值对,其中第一个索引是键,第二个索引为值。为了使两个库可以很好地协同工作,可以编写一个称为 setValue 的中间函数,这个函数接受名称和值作为参数,在内部将它们转换为对象,传递给 stateManager.update:

```
function setValue(name, value) {
  const changes = {};
  changes[name] = value;
  stateManager.update(changes);
}

const [name, value] = otherLibrary.operate();
setValue(name, value);
```

注意,在 setValue 函数中,在定义属性之前,必须先创建一个空对象。这是由于属性的名称是动态的:如果代码为{ name: value },那么属性名称实际上是"name",而不是 name 变量所包含的值。这与 changes.name = value 类似,就是将属性名称设置为 name。相反,changes[name]就是使用 name 中所包含的实际值。

在对象创建之后,动态地将命名属性添加到对象中的语法可以用来计算对象字面量中的属性名称。这个语法非常简洁,似乎在说这种方法比原先的代码更可行：

```
function setValue(name, value) {
  stateManager.update({
    [name]: value
  });
}

const [name, value] = otherLibrary.operate();
setValue(name, value);
```

这与在对象创建之后，在其上使用括号的效果一模一样的，允许人们在对象字面量上使用相同的语法。

快速测试 12.3　在控制台上将显示哪些内容？

```
const property = 'color';
const eyes = { [property]: 'green' };
console.log(eyes.property, eyes.color);
```

快速测试 12.3 答案
```
undefined "green"
```

本课小结

本课讨论了如何利用对象字面量中的新增语法。

- 如果键和值具有相同的名称，简写属性名称可以去除冗余数据。
- 简写方法为对象字面量提供了更简单的定义函数的语法。
- 简写方法为匿名函数，不能用于递归。
- 计算属性允许在对象字面量上使用动态属性名称。

下面看看读者是否理解了这些内容：

Q12.1　使用简写方法名称扩展状态管理器，使其支持状态变更的订阅与退订。

第 *13* 课

符 号

阅读第 13 课后，我们将：

- 知道如何使用符号作为常量；
- 知道如何使用符号作为对象键；
- 知道如何使用全局符号创建行为钩子；
- 知道如何使用公知符号修改对象行为。

在 JavaScript 中，有对象和原语。JavaScript 的原语包括字符串、数字、布尔值(true 或 false)、空值和未定义值。符号(symbol)是添加到 ES2015 中的新原语，是自 JavaScript 创建以来新增的第一个原语。它是用来钩住内置 JavaScript 对象的行为的唯一值。符号可以分为三类：

- 唯一符号
- 全局符号
- 公知符号

> **思考题：**想象一下，在国际象棋游戏的编程中，使用 moves()函数确定基类国际象棋棋子可能移动到的目的地，然后检查在目标处是否占据着己方棋子，确定走子是否合法。每一种类型的国际象棋棋子都继承基类国际象棋棋子代码。如何重写每种国际象棋棋子的 moves()函数确定可能的移动目标，而无须重写如何确定走子是否合法？

13.1　使用符号作为常量

开发人员经常创建常量来表示标志(flag)。标志是一个特殊变量，只用于一种目的：识别。标志的值并不重要，能用来识别就行。

许多库都使用标志；例如，谷歌地图使用标志 HYBRID、ROADMAP、SATELLITE 和 TERRAIN 来确定绘制哪种类型的地图。每个标志的值是其小写的名称字符串(例如 HYBRID === "hybrid")。只要可以识别标志，标志的值无关紧要。

在代码清单 13.1 中，使用常量作为标志，确定何处放置工具提示框。在这种情况下，名称是通用的，很容易与其他值发生冲突。由于标志的唯一目的是为了识别，因此防止标志被错误识别是很有意义的。想象一下，程序的另一部分具有 CORRECT 和 INCORRECT 的标志，各自包含了值 right 和 wrong。这意味着，由于 CORRECT 标志和 RIGHT 标志都包含了相同的内部值，因此这两者可能会被错误识别。

一些库(如 Redux)通过多个处理程序发送动作。每个处理程序使用标志和标识符确定自己所负责的动作。由不同作者编写的不同插件可以指定处理程序进行各种动作。这增加了命名冲突的可能性。

代码清单 13.1　使用常量作为标志

```
const answer = {
  CORRECT : 'right',
  INCORRECT : 'wrong'
}

const positions = {
  TOP    : 'top',
  BOTTOM : 'bottom',
  LEFT   : 'left',
  RIGHT  : 'right'
}

function addToolTip(content, position) {
```

```
switch(position) {
  case positions.TOP:
     //在上面添加内容
  break;
  case positions.BOTTOM:
     //在下部添加内容
  break;
  case positions.RIGHT:
     //添加内容到右边
  break;
  case positions.LEFT:
     //添加内容到左边
  break;
  default:
     throw new Error(`${position} is not a valid position`)
  break;
  }
}

addToolTip('You are not logged in', answer.CORRECT);
```

这与 answer.CORRECT 也匹配

这会将工具提示
框添加到右边

注意，addToolTip 函数预期获得 positions 的标志，但却传递给它 answer 的标志。在理想情况下，这应该抛出一个错误并进行通知，但是这个程序却没有。由于标志不是唯一的，因此程序仅仅将工具提示框放在了右边。

可以使用唯一的符号解决命名冲突的问题。使用可选的字符串描述作为参数调用 Symbol()函数，创建唯一的符号。每个唯一的符号都是独特的，如下所示：

```
Symbol() === Symbol()            假
Symbol('right') === Symbol('right')      假
```

使用 Symbol 函数创建符号时，所创建的符号一直都是唯一的。即使使用相同的描述一次次调用 Symbol 函数，每一次得到的都是唯一的符号。这是由于调用 Symbol 函数时，每次都在内存中创建了新值，因此新的符号永远不会等同于内存中其他地方的另一个符号。

相同的字符串(如"foo")只会在内存中存储一次。无论创建新字符串"foo"多少次，原语值总是指向内存中的同一个地方。这就是"foo" =="foo"始终为真的原因。这对所有原语都是一样的。由于这个原因，无论原语来自何处，都可以互相比较。但对象通常会在内存中创建自己的标识，因此即使两个对象看起来一样，也不能等同，即 { foo: 1 } != { foo: 1 }。

每次调用 Symbol()都会创建全新的值存储在内存中，因此也就没有发生冲突的机会。Symbol()函数创建的符号永远不会发生冲突，因此使用符号重写前面的工具提示框示例并捕获先前的错误：

```
const positions = {
  TOP     : Symbol('top'),
  BOTTOM  : Symbol('bottom'),
  LEFT    : Symbol('left'),
  RIGHT   : Symbol('right')
}
```

由于将 Symbol('top')作为位置参数进行传递实际上不会匹配任何标志，因此这也带来了好处，确保了在调用函数时使用的是常量而不是值。既然值不能像字符串一样直接使用，那么重构常量就变得比较容易。

快速测试 13.1　在下面的代码片段中，从值 a 到 e，哪个为真？

```
const x = Symbol('x')
const y = Symbol('y')

const a = x === x;
const b = x === y;
const c = x === Symbol('x');
const d = y === y;
const e = y === Symbol('y');
```

快速测试 13.1 答案
只有 a 和 d。

13.2　使用符号作为对象键

有时开发人员会使用前导下划线给对象添加属性，表示它们应该作为伪私有属性进行处理，如 Store._internals。这样做的问题是，除非使用 Object.defineProperty 指定，否则这些值仍然是可枚举的，这意味着它们依然可以被包括在 for...in 语句或 JSON.stringify()中，这可能不是我们所希望的。可以使用符号作为属性名称得到相同的伪私有属性：

使用符号作为属性名称时，必
须是计算属性名称

```
const Store = {
  [Symbol('_internals')]: { /* ... */ }    ←
}
```

要将符号添加为属性名称，必须使用计算属性名称。当使用符号作为属性名称时，属性是不可枚举的，这意味着属性不能被包括在 for...in 语句或 JSON.stringify()中，并且这甚至不能在 Object.getOwnPropertyNames()中返回。由于不能对符号进行任何引用，再次调用 Symbol('hidden')会返回不同的符号，因此属性基本上是私有的。

但由于在 ES6 中，对象有一个新函数 Object.getOwnPropertySymbols()，这个函数返回一个包含了所有符号属性的数组，因此这并不是真正的私有类型。使用这个函数可以引用符号并访问属性。

符号作为属性名称并非真正私有，但是使用闭包可以将其私有，这样做有什么意义呢？从安全角度考虑，设置符号属性不意味着私有，而更多的是作为一个可用但是隐藏的 API。这半私有半公有的 API 是个好地方，可以定义钩子来修改对象或元属性。

快速测试 13.2 这段代码有什么错误？

```
const DataLayer = {
  Symbol.for('fetch'): function() {
    //从数据库获取
  }
}
```

快速测试 13.2 答案
符号属性必须是计算属性：

```
const DataLayer = {
  [Symbol.for('fetch')]: function() {
    //从数据库获取
  }
}
```

13.3 使用全局符号创建行为钩子

全局符号是添加到注册表中的可以在任何地方进行访问的符号。可以通过调用 Symbol.for 访问全局符号：

```
const sym = Symbol.for('my symbol');
```

调用 Symbol.for 时，首先检查注册表，看看给定名称的符号是否存在；如果存在，则返回此符号。如果符号不存在，则创建符号，添加到注册表，然后返回符号。全局符号是全局的，因此无须表明从 Symbol.for()得到的符号不是唯一的，这与从 Symbol()得到的符号不一样。全局符号是设置预定义对象行为钩子的好方法。

第 10 课创建了基本型宇宙飞船的工厂函数。然后，创建了制造其他更特殊宇

宙飞船的工厂函数。在第 10 课中，简单地向基类添加新方法(如 bomb)，如代码
清单 13.2 所示。

代码清单 13.2　第 10 课的 createBomberSpaceShip 函数

```
function createBomberSpaceShip() {
    return enhancedSpaceShip({
        bomb: function() {
            // ... 让宇宙飞船扔下炸弹
        }
    });
}
```

但是在实际的游戏中，可能需要一种方式让玩家发射武器，如按下空格键。
因此提供 fire()方法，在宇宙飞船开火时，增强型宇宙飞船就可以钩住这种行为，
改变所发生的事情。这样一来，当用户按下空格键时，代码可以调用 fire()，而不
必关心是什么种类的宇宙飞船，以及是应该调用 shoot()还是 bomb()或其他的一些
方法。这种解决方法如下所示：

```
const baseSpaceShip = {
    [Symbol.for('Spaceship.weapon')]: {
        fire() {
            //默认的发射实现
        }
    },
    fire: function() {
        if (this.hasAmmo()) {
            const weapon = this[Symbol.for('Spaceship.weapon')];
            weapon.fire();
            this.decrementAmmo();
        }
    },

    //其他省略的方法
}
```

增强型轰炸宇宙飞船可以按照如下方式实现：

```
const bomberSpaceShip = Object.assign({}, baseSpaceShip, {
    [Symbol.for('Spaceship.weapon')]: {
        fire() {
            //扔下炸弹
        }
    }
});
```

可以使用如 getWeapon()这样的方法，这种方式不会太糟糕，但是它会在宇宙飞船中添加额外的公有方法，而这个方法不会被使用(仅仅是重写)。如果有很多这样的钩子，那么这会使得公共的宇宙飞船 API 变得臃肿，难以维护。

如果使用符号定义这些钩子，那么比起使用 getWeapon()方法，它们更不可访问，但是还不至于私有，因此它们依然可以被重写。这就达到了一种完美的平衡。

到目前为止，所定义的对象的行为都可以使用钩子钩住，但是如果想要钩住内置对象的行为，那么如何实现呢？

快速测试 13.3　以下代码有何错误？

```
const lazer = Symbol.for('Spaceship.weapon')
const lazerSpaceShip = Object.assign({}, baseSpaceShip, {
    lazer: {
        fire() {
            //发射激光
        }
    }
});
```

快速测试 13.3 答案

符号属性必须是计算属性，如下所示：

```
const lazer = Symbol.for('Spaceship.weapon')
const lazerSpaceShip = Object.assign({}, baseSpaceShip, {
    [lazer]: {
        fire() {
            //发射激光
        }
    }
});
```

13.4　使用公知符号修改对象行为

与上一节中使用符号钩住宇宙飞船的行为一样，内置的 JavaScript 对象也使用公知符号钩住功能。公知符号是 Symbol 直接连接的内置符号，如 Symbol.toPrimitive。

Symbol.toPrimitive 可以钩住对象并控制对象，将其强制转换为原语值。以下是一个简单的实现：

```
const age = {
    number: 32,
```

```
    string: 'thirty-two',
    [Symbol.toPrimitive]: function() {
      return this.string;
    }
};

console.log(`${myObject}`)  ◄——— 32
```

由于值是函数，因此可以使用简写方法语法来处理：

```
const age = {
    number: 32,
    string: 'thirty-two',
    [Symbol.toPrimitive]() {
      return this.string;
    }
};

console.log(`${myObject}`)  ◄——— 32
```

在这个特殊的示例中，强迫对象转换成字符串，但是当对象被强制转换为数字时，你也许想做一些不同的事情。Symbol.toPrimitive 函数被传入一个参数，表明了在此种情况下对象被强迫转换为何种类型的原语，可能的值为字符串、数字或默认值。更新示例来使用这些知识，如代码清单 13.3 所示。

代码清单 13.3　与公知符号协同工作

```
const age = {
    number: 32,
    string: 'thirty-two',
    [Symbol.toPrimitive](hint) {
      switch(hint) {
        case 'string':
          return this.string;
        break;
        case 'number':
          return this.number;
        break;
        default:
          return `${this.string}(${this.number})`;
        break;
      }
    }
};

console.log(`
    I am ${age} years old, but by the time you
```

```
    read this I will be at least ${+age + 1}
`);
```
我现在是 32 岁，但是在你读到此代码时，我至少 33 岁了

```
console.log( age + '' );        ← thirty-two[32]
console.log( age.toString() );  ← [object Object]
```

在代码清单 13.3 中，age 对象在被强制转换为原语时，默认值为 thirty-two(32)，但是在 age 对象被强制转换为字符串时，会返回 thirty-two；在被强制转换为数字时，会返回 32。调用 toString()并非强制行为，因此不会受到影响。

JavaScript 中有若干个公知符号，如果讨论所有的公知符号，那超出了本书的范围。我们将在迭代单元中讨论 Symbol.iterator。可以在 http://mng.bz/5838 中获得所有的公知符号列表。

> **快速测试 13.4**　创建具有 born 属性(日期)的对象。将出生日期强制转换为数字，基于此，使用 Symbol.toPrimitive 计算年龄。

快速测试 13.4 答案

```
const Person = {
  name: 'JD',
  born: new Date(1984, 1, 11),
  [Symbol.toPrimitive](hint) {
    const age = new Date().getFullYear() - this.born.getFullYear();
    switch(hint) {
      case 'number':
        return age;
      break;
      default:
        return `${this.name}, ${age}`;
      break;
    }
  }
};
```

13.5　符号的陷阱

符号是原语，而且是唯一的没有字面量形式的原语。因此，必须通过调用 Symbol()函数创建符号。可以使用同样的方式创建其他原语，包括数字、字符串和布尔值(空值或未定义值除外)，例如 Number(1)、String('foo')或 Boolean(true)。

可以使用 new 调用原语函数，如 new Number(1)，但是这不能返回原语值，而是返回原语包装器，也就是封装原语值的对象。人们通常不希望得到符号的原语包装器，因此为了防止意外地创建符号原语包装器，在使用 new Symbol()调用 Symbol()时，会抛出一个错误。

出于同样的原因，JavaScript 采用了保护措施，防止错误地将符号强制转换为字符串或数字。这样做会抛出错误，如代码清单 13.4 中所演示的。

代码清单 13.4　下面的每一行都会抛出错误

```
new Symbol()
`${Symbol()}`
Symbol() + ''
+Symbol()
+Symbol.iterator
Symbol.for('foo') + 'bar'
```

本课学习了如何创建唯一的常量，防止出现命名冲突。然后，学习了如何使用全局符号创建自定义的钩子钩住对象行为。最后，学习了如何使用公知符号，创建内置的行为钩子。

本课小结

本课学习了符号的基本知识。

- 由于符号在内存中都是唯一的，因此保证了其唯一性。
- 符号的唯一性是防止命名冲突的好办法。
- 在全局注册表中自动检索并存储全局符号。
- 全局符号用于提供钩子钩住自定义对象。
- 公知符号用于提供钩子钩住内置对象。
- 禁止使用 new 操作符创建符号。
- 禁止将符号强制转换为其他原语。

下面看看读者是否理解了这些内容：

Q13.1　使用 Symbol.toPrimitive 创建对象，在将对象强制转换为字符串时，将对象序列化为 URI 查询字符串。

第 *14* 课

顶点项目：模拟锁和钥匙

在本课中将构建锁和钥匙系统。每个锁都有属于自己的唯一一把钥匙。锁保留了一些秘密数据，只有使用正确的钥匙访问时，才会返回这些数据。本课将创建一个游戏，生成三把锁，给玩家提供一把钥匙，玩家只有一次机会打开锁并获得奖品。

14.1 创建锁和钥匙系统

下面从设计锁 API 开始。我们需要一个名为 lock 的函数，这个函数接受单个参数，也就是锁定的数据。如果使用正确的钥匙调用，它则返回唯一的钥匙(也就是锁的钥匙)和揭开秘密的 unlock 函数。基本上，高层 API 就是 { key, unlock } = lock(secret)。

其中 secret 可以是任何单个数据。lock 和 unlock 是函数，但需要确定钥匙的数据类型是什么。

一种好的解决方案是随机生成的字符串。但字符串并不是完全唯一的，可能会重复，甚至可以被猜测出来。可以使用难以猜测或很少重复的复杂字符串，如 SHA-1，但是这需要付出很大的努力或要求安装库。其实，我们已经有一种数据类型，它很容易生成，也可以保证是唯一的，那就是 Symbol。因此，此处使用符号：

```
function lock(secret) {
  const key = Symbol('key')

  return {
    key, unlock(keyUsed) {
      if (keyUsed === key) {
        return secret
      } else {
        //做一些其他事情
      }
    }
  }
}
```

此处有一个 lock 函数。当调用 lock 函数时，它接受一个 secret，生成一个新的 key(这是一个唯一的符号)。请记住，这种方式创建的符号都是唯一的，绝不重复。然后，lock 函数返回具有所生成的钥匙和 unlock 函数的对象。unlock 函数接受 keyUsed 参数，将用于解锁秘密的钥匙与正确的钥匙进行比较。如果二者相同，则返回秘密：

```
const { key, unlock } = lock('JavaScript is Awesome!')
unlock(key)         ◄─────────────  JavaScript is Awesome!
```

如果使用的钥匙不正确，那么依然需要确定要做些什么。在现实世界的应用中，如果使用了错误的钥匙，那么会抛出错误。但出于练习的目的，我们仅让函数掩盖值。使用在第 6 课中学习的 String.prototype.repeat 返回字符串的掩码副本。如下所示：

```
'*'.repeat( secret.length || secret.toString().length )
```

代码清单 14.1 是更新的函数。

代码清单 14.1   检测错误的钥匙

```
function lock(secret) {
  const key = Symbol('key')

  return {
    key, unlock(keyUsed) {
      if (keyUsed === key) {
        return secret
      } else {
        return '*'.repeat( secret.length || secret.toString().length )
      }
    }
  }
```

```
}

const { key, unlock } = lock(42)

unlock()          ←——— **
unlock(Symbol('key')) ←——— **
unlock('key') ←——— **
unlock(key) ←——— 42
```

太棒了！这已经完成了锁和钥匙系统，并且它工作得很顺畅！最重要的是，我们不需要外部库，使用很少的代码就做到了。现在，创建多把锁与多把钥匙，每把锁都只能使用相关的钥匙访问。如果要创建多把锁和多把钥匙，并把它们混合起来，那么应该怎么做？

14.2 创建 Choose the Door 游戏

假设创建了三把锁，将它们作为 Door #1、Door #2 和 Door#3 呈现给玩家，同时给玩家一把钥匙，要求玩家猜测他们的钥匙对应哪扇门。如果玩家猜对了，就会赢得门后的奖金。我希望这个游戏听起来是有趣的，因为我们要构建这样一个游戏。由于在游戏中使用钥匙开门，因此秘密就是门背后的内容。这个游戏看起来似曾相识，但是不同点在于是玩家选择门，只有他们的钥匙开了门，他们才能发现门背后的内容，赢得奖金。准备好了吗？让我们来看看如何构建这个游戏。

首先从建立游戏的主用户界面开始，如代码清单 14.2 所示。我们需要一种方法来提供一些选项，供玩家选择。为了保持简单，使用 prompt 来完成这个任务。

代码清单 14.2 游戏主界面

构建多个选项，展示在提示框中。将每个索引加1，使得索引从1开始，而不是从0开始

然后返回用户输入到提示框中的数字，需要减去先前加上的1

```
function choose(message, options, secondAttempt) {
  const opts = options.map(function(option, index) {
    return `Type ${index+1} for: ${option}`
  })

  const resp = Number( prompt(`${message}\n\n${opts.join('\n')}`) ) - 1

  if ( options[resp] ) {
```

```
  return resp
} else if (!secondAttempt) {
  return choose(`Last try!\n${message}`, options, true)
} else {
  throw Error('No selection')
}
}
```

如果从提示框处得到了适 当的响应，则返回值

如果在第二次尝试后依然 没得到有效值，则抛出错误

如果没得到有效 值，则进行第二次尝试

choose 函数接受单个消息和选项数组，然后处理一切事情，向玩家呈现消息和选项，告诉玩家键入与相关选项对应的数字，做出选择。如果所接收的输入不正确，则最后一次询问玩家，如果玩家依然没有选择有效选项，那么抛出错误。一旦选中有效选项，choose 函数就会返回该选项的索引值。通过在 choose 函数中处理所有这些细节，这样就可以专注于游戏中其他地方的消息和选项。可以使用代码清单 14.3 和图 14.1 所示的 choose 函数。

代码清单 14.3　构建多选题

```
const message = 'Who is the greatest superhero of all time?'
const options = ['Superman', 'Batman', 'Iron Man', 'Captain America']

const hero = choose(message, options)
```

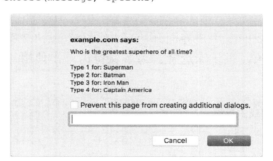

图 14.1　基本的多选题

现在，让玩家选择门的方式已经有了，需要生成三扇门(锁)，分配给玩家一把随机的钥匙。首先，要生成具有奖金的门。你认为这应该怎么做？试试以下方法：

```
const { key1, door1 } = lock('A new car')
const { key2, door2 } = lock('A trip to Hawaii')
const { key3, door3 } = lock('$100 Dollars')
```

然而，这是行不通的。请记住，必须使用对象上的正确属性名称解构对象。

lock 返回的对象只有属性 key 和 unlock，而且必须用这种方式解构。这可能会导致你做出如下尝试：

```
const { key, unlock } = lock('A new car')
const { key, unlock } = lock('A trip to Hawaii')
const { key, unlock } = lock('$100 Dollars')
```

这还是行不通。在第一次解构后，常量 key 和 unlock 已经得到了，不能重新声明(如第 2 行和第 3 行的尝试)。并非一切都不行：记住，在解构属性名称时，有一个特殊的语法可以给它们分配不同的变量名，如下所示：

```
const { key:key1, unlock:door1 } = lock('A new car')
const { key:key2, unlock:door2 } = lock('A trip to Hawaii')
const { key:key3, unlock:door3 } = lock('$100 Dollars')
```

现在，有了三把钥匙和三扇门，将它们放在数组中，获取一把提供给用户的随机钥匙：

```
const keys = [key1, key2, key3]
const doors = [door1, door2, door3]

const key = keys[Math.floor(Math.random() * 3)]
```

这相对容易一些。现在，创建呈现给玩家的消息和选项：

```
const message = 'You have been given a \u{1F511} please choose a door.'
const options = doors.map(function(door, index) {
  return `Door #${index+1}: ${door()}`
})
```

\u{1F511}是 Unicode 钥匙字符

注意如何使用\u{1F511}转义 Unicode 字符。我们原本可能仅仅把实际的字符放在消息中，如下所示：

```
const message = 'You have been given a🔑 please choose a door.'
```

但这样就很难指望用户去输入值。顺便说一下，这带来了另一个新特性。在 ES2015 之前，Unicode 的转义语法为\uXXXX，其中 XXXX 是 Unicode 十六进制代码，但是这最多只允许 4 个十六进制字符(16 位)，而示例中的字符使用了 5 个十六进制字符：1F511。在 ES2015 之前，为了解决这个问题，必须使用称为代理对的技术，也就是使用两个较小的 Unicode 值生成较大的 Unicode 值。为了得到钥匙，可以使用\uD83D\uDD11。代理对的概念和如何生成代理对的内容超出了本书的范围，ES2015 引入了一种更容易的方式，即使用\u{XXXXX}转义任意大小的 Unicode 字符。

现在，消息和选项也有了，可以将它们传递给 choose 函数，choose 函数将要求用户选择一扇门。参见图 14.2。一旦用户选择了一扇门，他们会试图使用钥匙开门。如果钥匙匹配，他们就可以获得门背后的秘密；否则，得到的是掩码文本。无论哪种情况，都使用 alert 将响应返回给用户：

```
const door = doors[ choose(message, options) ]
alert( door(key) )
```

将所有代码放在称为 init 的函数中，如代码清单 14.4 所示。

代码清单 14.4　init 函数

```
function init() {
  const { key:key1, unlock:door1 } = lock('A new car')
  const { key:key2, unlock:door2 } = lock('A trip to Hawaii')
  const { key:key3, unlock:door3 } = lock('$100 Dollars')

  const keys = [key1, key2, key3]
  const doors = [door1, door2, door3]

  const key = keys[Math.floor(Math.random() * 3)]

  const message = 'You have been given a \u{1F511} please choose a door.'

  const options = doors.map(function(door, index) {
    return `Door #${index+1}: ${door()}`
  })

  const door = doors[ choose(message, options) ]

  alert( door(key) )
}
```

图 14.2　运行中的 Choose the Door 游戏

现在，如果用户选对了门，那么他们就可以看到门背后的内容，赢得奖品。你能想到这个锁和钥匙系统还有什么其他用途吗？可能的场景为在多玩家游戏中有一个隐藏宝箱，然后将钥匙散落在整个游戏中。如果将一把锁的钥匙锁在另一把锁中，那么又会怎样呢？这肯定很有趣。

本课小结

这个顶点练习使用符号模拟了锁和钥匙。在创建锁时，返回唯一的符号作为钥匙。由于符号始终是唯一的，不存在命名冲突的危险，因此没有对应的钥匙(符号)是不能开锁的。然后，我们使用这个锁和钥匙创建了 Choose the Door 游戏。

单元 *3*

函　　数

　　函数是编写应用程序的基本结构。在如 JavaScript 这类语言中尤其如此，这些语言将函数视为"一等公民"。在 ES2015 以及后来的版本中，添加了许多非常棒的特性到函数中，包括一些全新类型的函数。

　　在本单元中，我们先看看默认参数和 rest 参数。我想，对大多数程序员来说，在某些时候需要默认参数，希望查看它们的值，如果在函数开头默认参数为未定义的，就给它赋值。rest 参数更有用。任何先前用过 arguments 对象的人都乐于使用 rest，这不仅仅是因为 rest 可以渲染过时的 arguments 对象，也因为它可以与其他参数组合，而不总是像 arguments 对象一样，表现得面面俱到。

　　接下来，本章将深入研究解构函数参数，这也可以与默认参数相结合。当所有这些内容结合在一起时，就可以得到非常强大的函数声明，甚至可以模拟命名参数。由于开发人员只需要指定第 3 个参数(或第 4 个、第 5 个参数等)，因此不再将 null 值传递给如 myFunc(null, null, 5) 这样的函数。

在学习完所有现存函数中的新增内容后，本章将谈论两种类型的新函数：箭头函数和生成器函数。在 JavaScript 中，箭头函数非常有用，你一旦理解了它们，就会天天使用它们。虽然生成器函数也许不会经常用到，但当需要时，这个新工具功能强大。

本单元结尾部分将会创建模拟程序，在囚徒困境的场景下，模拟囚犯互相对垒。

第*15*课

默认参数和 rest

阅读第 15 课后，我们将：

- 知道如何使用默认参数；
- 知道如何使用 rest 操作符来收集参数；
- 知道如何使用 rest 在函数之间传递参数。

一些时候，语言的新特性提供了某些方式来实现以前不可能或几乎不可能做到的事情；另一些时候，它们只是为了让原本也很容易实现的事情有了更好的实现方式。不过，虽然一些事情很好实现，也许只需要几行代码就可以，但是这不代表代码的可读性强。这正是默认函数参数和 rest 参数所做的事情：以更简洁和更可读的方式完成某些事情。

> **思考题**：看看所实现的 pluck 函数，你能快速告诉我它在做什么吗？第一行代码在做什么？这行代码特别费脑。在当前状态下，可能需要通过注释来解释这行代码在做什么。

```
function pluck(object) {
    const props = Array.from(arguments).slice(1);
    return props.map(function(property) {
        return object[property];
    });
}
const [ name, desc, price ] =
➡pluck(product, 'name', 'description', 'price');
```

15.1　默认参数

想象一下，现在要建设一个网站，显示现任总统任职期间的支持率。建立图表函数，使用线形图显示这种信息。图表大小适中，为 800×400，同时也允许自定义大小。例如，全国的支持率放在最顶部，为 800×400 的图表，然后将全国分解为州，仅使用 400×200 的图表。最终所得到的函数如下所示：

```
function approvalsChart(ratings, width, height) {
  if (!width) {
    width = 800
  }
  if (!height) {
    height = width / 2
  }
  //构建支持率图表
}

const nationalChart = approvalsChart(nationalRatings)          ← 图表为 800×400
const georgiaChart = approvalsChart(georgiaRatings, 400)       ← 图表为 400×200
```

现在，使用默认函数参数完成相同的事情，如下所示：

```
function approvalsChart(ratings, width = 800, height = width / 2) {
  //构建支持率图表
}

const nationalChart = approvalsChart(nationalRatings)          ← 图表为 800×400
const georgiaChart = approvalsChart(georgiaRatings, 400)       ← 图表为 400×200
```

注意在参数列表中，如何正确地使用表达式 height = width / 2。实际上，对于默认参数的赋值，可以使用任意表达式，在计算函数时，也计算了表达式。开发人员可以使用作用域内的任何变量，包括先前的参数。表达式的上下文与和其一起调用的函数的上下文相同，这意味着，不管如何使用 this，其结果都与在函数体内所计算得到的相同(见代码清单 15.1)。

代码清单 15.1　以默认参数的方式访问 this

```
const ajax = {
  host: 'localhost',
  load(url = this.host + '/data.json') {
    //从 URL 加载数据
  }
}
                          url 是 localhost/data.json
ajax.load();
                          url 是 www.example.com/data.json
ajax.host = 'www.example.com';
ajax.load();
ajax.load('localhost/moredata.json');          url 是 localhost/moredata.json
```

第一次不带参数调用 ajax.load()时，默认检查 this.host，即 localhost，url 参数成为 localhost/data.json。然后改变 host 属性，因此再次调用相同的函数时，默认检查 this.host，url 参数现在变成 www.example.com/data.json。最后，调用 ajax.load ('localhost/moredata.json')时，不再使用默认参数，url 参数被设置成 localhost/ moredata.json。

参数的默认值与其在参数列表中的索引绑定在一起。如在 range 示例中，开发人员尝试使用默认值，让可选参数跟着必需参数。如果传递了两个值，那么它们分别为 min 和 max，但是如果只传递了一个值，那么开发人员希望这个值为 max，min 的值默认为 0。这听上去很不错，但是这不是默认参数的工作方式，如代码清单 15.2 所示：

代码清单 15.2　必需参数必须先于可选参数

```
function range(min = 0, max) {
  // ... 创建从 min 到 max 的范围
}
range(5, 10);          min 为 5，max 为 10
range(10);
                       min 为 10，max 未定义
```

由于默认参数与其索引绑定，因此不能使用默认参数作为可选参数，除非它是最后一个参数。传递给函数的参数根据其索引进行赋值，因此无论如何，第一个值赋给 min，第二个值赋给 max。如果使用默认的 min 值，那么设置 max 的唯一方式是以 range(undefined, 10)的方式调用范围，这样维护了每个参数的正确索引值。第一个参数是 undefined，因此为默认值 0，第二个参数为 10。

默认参数的表达式非常强大，我们可以使用一些非常聪明的方式检查参数的长度，有条件地将 min 参数设置为正确的值，如代码清单 15.3 所示。

代码清单 15.3   不明确的默认参数(不推荐)

```
function range(temp = 0, max = temp, min = arguments.length > 1 ? temp : 0)
         {
   // ... 创建从 min 到 max 的范围
}
```

在 range 函数中，首先定义了 temp 参数，其默认值为 0，然后将 max 的默认值设置为 temp 的值。最后，定义了 min 参数，根据 arguments 的长度这个条件，将其设置为默认值 0 或 temp。这种方法的工作情况如下所示：

- 用 10 调用：
  - temp 被设置为 10。
  - max 默认为 temp，因此 max 为 10。
  - arguments.length 不大于 1，因此 min 被设置为 0。
  - 结果：min 为 0，max 为 10。
- 用 5 和 10 调用：
  - temp 被设置为 5。
  - max 被设置为 10。
  - arguments.length 大于 1，因此 min 被设置为 temp (5)。
  - 结果：min 为 5，max 为 10。
- 用 5 和 5 调用：
  - temp 被设置为 5。
  - max 被设置为 5。
  - arguments.length 大于 1，因此 min 被设置为 temp (5)。
  - 结果：min 为 5，max 为 5。

尽管这种方式可行，但是人们对所发生的事情并不清楚，并且浪费了一个参数。如果使用者使用所有的三个参数调用这个函数，就会出现错误，因此我反对这样编码。这仅仅作为一个练习来演示可以这样编码。

注意在代码清单 15.3 中，如何使用参数列表中的 arguments 对象计算默认值。请记住，在函数体的上下文中调用默认参数的表达式！这是否意味着可以使用在函数体中声明的其他变量呢？实际上不能：请记住第 4 课介绍的暂时性死区(TDZ)。从技术上来讲，函数体中的其他变量是在作用域内，但是却在暂时性死区中，因此不能被访问。

> **快速测试 15.1**　在下面的函数调用中，args 参数的值是多少？
>
> ```
> function processArgs(args = Array.from(args)) {
>   // ...
> }
> processArgs(1, 2, 3);
> ```

快速测试 15.1 答案

值为 1。记住，这使用了具体的值调用函数。即使默认值使用 arguments 对象创建了一个数组，也无关紧要：由于传入了具体值，因此不会计算默认值。如果要创建 arguments 数组，则使用 rest 操作符。

通常，默认参数使得在没给出具体值的情况下可以使用健全的默认值。比起抛出错误(取决于场景)，退后一步使用默认值往往更好，这增大了函数的作用。这并不是默认值唯一的用途。下一节将探讨使用默认参数避免重新计算数据。

15.2　使用默认参数避免重新计算值

在本课开始时，创建了 approvalsChart 函数来计算支持率。本节将更进一步，创建一个库来计算支持率和生成图表。第一次的尝试如代码清单 15.4 所示。

代码清单 15.4　调用 getRatings 两次

```
const chartManager = {
  getRatings() {
    //进行密集的计算所有支持率的工作
  },

  nationalRatings() {
    const ratings = this.getRatings()
    return approvalsChart(ratings)
  },

  stateRatings(state) {
    const ratings = this.getRatings()
    stateRatings = ratings.filter(function(rating) {
      rating.state === state
    })
    return approvalsChart(ratings, 400)
```

```
    },

    stateAndNationalRatings(state) {
      const nationalChart = this.nationalRatings()  ← 计算支持率
      const stateChart = this.stateRatings(state)  ←
      return {                                        再次计算支持率
        nationalChart,
        stateChart
      }
    }
  }

  const charts = stateAndNationalRatings('georgia')
```

注意，这个方法如何最终调用 getRatings 方法两次？如果方法是资源密集型的，那么有理由避免第二次计算，以免浪费资源。可以使用默认参数解决这个问题，如代码清单 15.5 所示。

代码清单 15.5　调用 getRatings 一次

```
  const chartManager = {
    getRatings() {
      //进行密集的计算所有支持率的工作
    },

    nationalRatings(ratings = this.getRatings()) {
      return approvalsChart(ratings)
    },

    stateRatings(state, ratings = this.getRatings())
      stateRatings = ratings.filter(function(rating)
        rating.state === state
      })
      return approvalsChart(ratings, 400)
    },

    stateAndNationalRatings(state) {
      const ratings = this.getRatings()
      const nationalChart = this.nationalRatings(ratings)
      const stateChart = this.stateRatings(state, ratings)
      return {
        nationalChart,
        stateChart
      }
    }
  }

  const charts = stateAndNationalRatings('georgia')
```

现在，nationalRatings 和 stateRatings 方法将 getRatings 作为默认参数进行调用。这意味着，调用每个函数本身就可以计算支持率。但是如果要同时获得全国和州的支持率，那么可以预先计算支持率，将数据传递给每个方法，避免额外的计算步骤。

默认参数是一个好方法，它确保了有值存在，可以处理预期参数。对于非预期(或不确定)的参数，它们提供的帮助不大，但是在这种情况下，可以使用新的rest 操作符。

快速测试 15.2　在下面的代码片段中，getC() 会返回什么？

```
function getC(a = 'b', b = c, c = a) {
    return c;
}
getC();
```

快速测试 15.2 答案
由于 b 默认为 c，但是 c 在 b 后声明，因此这是 SyntaxError，得不到任何内容。

15.3　使用 rest 操作符收集参数

早在第 9 课就学习了如何使用 Array.from 并利用 arguments 对象创建数组。实现该目的还有一种更方便的方式，就是使用 rest 以数组的形式获得 arguments：

```
function avg() {
  const args = Array.from(arguments);
  //...
}
function avg(...args) {
  //...
}
```

使用 Array.from 收集
arguments，放入数组

使用 rest 收集 arguments，
放入数组

rest 的工作方式是使用三个点开头声明函数参数。虽然参数这个名称本身可以代表任何有效的变量名，但是我们将此称为 rest 参数。这将把从 rest 参数位置起的所有剩余参数组合起来放入数组中。rest 参数也可以只有一个，但它必须是列表中的最后一个参数：

```
function countKids(...allMyChildren) {
    return `You have ${allMyChildren.length} children!`;
}
```

```
countKids('Talan', 'Jonathan');          ◄──────  You have two children!

function family(spouse, ...kids) {
  return `You are married to ${spouse} with ${kids.length} kids`;
}

family('Christina', 'Talan', 'Jonathan');  ◄───
                                                    You are married to Christina with
                                                    two kids.
```

该名称源于我们首先指定了希望将哪些参数放入单个变量中，然后指定了由其余参数构成的参数组(参见代码清单 15.6)。一些语言(如 Ruby)将这个概念称为 splat，这种称呼最有可能的原因是，这些语言使用星号代替三个点作为操作符，而星号与 splat 的形状相似。

代码清单 15.6　在 JavaScript 中，如果将参数放在 rest 后，会有错误发生

```
function restInMiddle(a, ...b, c) {  ◄───
  return [a, b, c];                           SyntaxError: rest 参数必
}                                             须为最后一个
```

rest 参数必须放在参数列表的最后，否则会抛出语法错误。你也许认为这是 rest 参数唯一合乎逻辑的工作方式，但其他语言(如 CoffeeScript)在 rest 参数后也可以指定其他参数，如代码清单 15.7 所示。

代码清单 15.7　CoffeeScript 中位于 rest 之后的参数

```
restInMiddle = (a, b..., c) -> [a, b, c];
restInMiddle(1,2,3,4,5);  ◄──────  [ 1, [2, 3, 4], 5];
```

既然知道了 rest 的工作方式，下面就使用 rest 重新实现 pluck 函数:

```
function pluck(object, ...props) {
  return props.map(function(property) {
    return object[property];
  });
}
```

现在代码的可读性好多了吧? 这样，就无须对那行模糊不清的代码进行解释了。

快速测试 15.3　实现下面的 cssClass 函数，使它接受第一个参数，添加到参数的 rest 中，生成 CSS 类列表。

```
cssClass('button', 'danger', 'medium');  ◄───
                                                 应该返回"button button-danger
                                                 button-medium"
```

快速测试 15.3 答案

```
function cssClass (primary, ...others) {
  const names = others.reduce(function(list, other) {
    return list.concat(`${primary}-${other}`);
  }, [primary]);
  return names.join(' ');
}
```

15.4 使用 rest 在函数之间传递参数

想象一下，在使用一些图像处理库的过程中，需要钩住处理函数，添加一些日志记录。许多库提供了中间件[1]，以这种方式注入代码，但是并不是所有的库都这样做；在这种情况下，必须打猴子补丁(monkey patching)。打猴子补丁是在调用初始函数之前，注入一些自定义的逻辑来重新定义函数的过程。在代码清单 15.8 中，为假想的 **imageDoctor** 库中的处理函数打上猴子补丁，使用 rest 收集所有参数，将它们一起传递给原始函数。这确保了原始函数作为包装函数总是使用相同的参数进行调用。

代码清单 15.8   在打猴子补丁时，使用 rest 转发参数

```
{
  const originalProcess = imageDoctor.process;          ← 首先获得原
  imageDoctor.process = function(...args) {             ← 方法的引用
    console.log('imageDoctor processing', args);
    return originalProcess.apply(imageDoctor, args);     →
  }                                                     ← 定义收集所有
}                                                          参数的新函数
```

返回使用args进行调用的原始函数的结果

注入日志记录

本书后面章节要学习类，将介绍子类如何扩展超类。在子类扩展超类时，会重写超类中的方法。在重写方法的方法中可以调用被重写的方法，同样可以使用 rest 在两个方法之间进行参数传递。

> **快速测试 15.4**   假设要使用称为 **ajax** 的函数加载数据。使用 rest 对函数打猴子补丁，记录其所有参数。

---

1 中间件是由允许注入自定义行为的库作者所提供的自定义钩子。提供中间件的 JavaScript 库有 express.js(http://expressjs.com/)和 redux.js(http://redux.js.org/)，也可以参阅 https://en.wikipedia.org/wiki/ Middleware。

快速测试 15.4 答案

```
{
  const originalAjax = ajax;
  ajax = function(...args) {
    console.log('ajax invoked with', args);
    return originalAjax.apply(null, args);
  }
}
```

本课小结

本课学习了如何使用默认参数和 rest。

- 允许将合理的默认值用作默认参数。
- 可以使用表达式计算默认参数。
- 默认参数表达式在函数体的上下文中执行。
- 在参数列表中，默认参数与其索引绑定。
- rest 参数收集所有剩余的参数，将它们作为一个数组。
- 可以使用 rest 收集所有参数，作为一个数组。
- rest 参数必须是最后一个参数。
- 每个参数列表只能有一个 rest 参数。

下面看看读者是否理解了这些内容：

Q15.1　创建一个名为 car 的函数来创建 car 对象。这个函数接受可用的座位数作为参数(具有默认值)。car 对象应该有 board 方法，使用 rest 让驾驶员和其他乘客上车。board 方法应该记录驾驶员是谁、能上车的乘客是谁(根据座位数)，并列出不能容纳的乘客。

第 *16* 课

解 构 参 数

阅读第 16 课后，我们将：

- 知道如何解构数组参数；
- 知道如何解构对象参数；
- 知道如何模拟命名参数；
- 知道如何创建别名参数。

第 11 课学习了如何解构对象和数组。在函数的参数列表中也可以直接使用相同的原则。这使得数组和对象的参数更具有自我记录性，也更容易处理，同时为使用先进的技术(如模拟命名参数)打开了方便之门。

思考题：下列函数接受三个参数。如何使所有参数都可选，这样调用函数时就可以仅仅设置所需的值？例如，如果想设置高度，宽度使用默认值，要怎么做？函数的调用者如何表明他只想指定高度？通过名称吗？如果所获得的名称是错误的，那会怎样？例如，调用者使用了 h，但是函数要求完整的单词 height。

```
function image(src, width, height) {
    //生成图像
}
```

16.1　解构数组参数

想象一下，要编写程序来比较两个文件之间的差异。可以使用提供了 diff 函数的库，diff 函数接受两个字符串，计算这两个字符串之间的不同，返回具有三个值的数组。第一个值为已添加的文本，第二个值为已删除的文本，最后第三个值为已修改的文本。

需要编写函数接受这些不同，渲染可视化内容，显示这些不同，如图 16.1 所示。让我们称这个函数为 visualize。如果这个函数接受三个独立的参数：inserted、deleted 和 modified，那么可以按照如下方式将这两个函数连接起来：

```
function visualize(inserted, deleted, modified) {
    // ...渲染可视化内容到屏幕
}

const [ inserted, deleted, modified ] = diff(fileA, fileB);
visualize(inserted, deleted, modified);
```

图 16.1　明白哪些是添加的文本(绿色)、修改的文本(黄色)和删除的文本(红色)

这种方式虽然可行，但很繁琐，必须从 diff 函数中抽取出值，才可以将它们传递给 visualize 函数。更简洁的解决方式是，使 visualize 函数的输入与 diff 函数的输出匹配。这样，将它们连接在一起会变得简单很多：

```
visualize( diff(fileA, fileB) );
```

现在，这两个函数之间的连接简洁多了。我甚至能说这个代码更易于理解了(自我记录)，现在它可以读成 visualize diff，这正是代码要完成的事情：可视化不同！为了使这种方法可行，现在 visualize 函数只接受一个参数，即具有三个值的数组。考虑到这一点，必须重新实现 visualize 函数：

```
function visualize(diff) {
  const inserted = diff[0];
  const deleted = diff[1];
  const modified = diff[2];
  // ...渲染可视化内容到屏幕
}
```

此时，繁琐的抽取步骤从函数外部移到了函数内部。在将 visualize 和 diff 函数连接在一起时，外表看起来简洁干净多了，但代价是 visualize 函数的实现变得有点浑浊了。

希望你已考虑到使用数组解构，使得 visualize 函数的实现变得干净起来，如下所示：

```
function visualize(diff) {
  const [ inserted, deleted, modified ] = diff;  ◄── 将diff参数解构为所
  // ...渲染可视化内容到屏幕                              需要的三个值
}
```

如果这样做，那就对了！但可以删除在参数列表中进行解构这一步，使得过程更加简洁：

```
function visualize([ inserted, deleted, modified ]) {
  // ...渲染可视化内容到屏幕
}
```

现在，如何连接这两个函数的知识负荷已经被消除了一部分。代码变得更易于理解，也没有牺牲其他部分代码的可读性。

如果 diff 函数返回的是具有 inserted、modified 和 deleted 属性的对象，而不是数组，会怎么样？下一节将更新 visualize 函数来处理这种情况。

> **快速测试 16.1**　假设要编写一个部件库，允许安装了部件库的任何人都能够设置部件使用的颜色。实现以下的 setColors 函数，使得它能够解构颜色数组。可以使用任何喜欢的名称命名以下三种颜色。
>
> ```
> setColors([ '#4989F3', '#82D2E1', '#282C34']);
> ```

快速测试 16.1 答案
```
function setColors([primary, secondary, attention]) {
  // ...
}
```

16.2　解构对象参数

上一节编写了 diff 函数，返回了数组，这个数组包含了在两个文件之间插入、删除和修改的文本。但是如果所使用的 diff 库更新了版本，函数返回的是具有 inserted、modified 和 deleted 属性的对象，那该怎么办？此时，如何升级 visualize 函数，以便正确地从新格式的数据中抽取出数据？解决方法同出一辙：

```
function visualize({ inserted, deleted, modified }) {
    // ...渲染可视化内容到屏幕
}
visualize( diff(fileA, fileB) );
```

正如所看到的，现在唯一要改变的事情是，不使用方括号[和]包装参数列表，而是使用花括号{和}。不根据属性在数组中的位置获得值，而是根据属性的真正名称来获得特定的属性。

在数组解构中，只要字段的位置正确，就可以使用任何名称。在对象的解构中，只要名称正确匹配，就可以以任何顺序列出属性。这与普通的对象和数组解构一样，不同点只是这发生在函数的参数列表中。

> **快速测试 16.2**　重写 setColors 函数，使用对象解构的方式解构颜色。请记住：这次名称必须匹配，而不是顺序要对齐。
>
> ```
> setColors({ primary: '#4989F3', danger: '#DB231C', success: '#61C084' });
> ```

快速测试 16.2 答案

```
function setColors({ primary, success, danger }) {
  // ...
}
```

16.3　模拟命名参数

想象一下，编写函数构建汽车，让函数的调用者设置汽车的品牌、型号和年份，因此开发人员要为每个属性添加一个参数：

```
function car(make, model, year) {
  // ...制作汽车
}
```

但我们希望每个参数是可选的并有一个默认值。你可能会认为，既然
JavaScript 支持默认值，这应该可以解决问题吧。但如果调用者只希望设置年份(第
三个参数)，会怎样呢？使用默认参数的话，前两个参数要么必须设置，要么显式
地作为 undefined 参数传递：

```
function car(make = 'Ford', model = 'Mustang', year = 2017) {
    // ...制作汽车
}

let classic = car(undefined, undefined, 1965);
```

这不是理想的做法。可以在参数列表中使用对象解构来模拟命名参数(根据名
称而不是位置设置参数的能力)：

```
function car({ make, model, year }) {
    // ...制作汽车
}

let classic = car({ year: 1965 });
```

现在，代码看起来像是使用了命名参数，但实际上使用的是对象的单个参数，
如图 16.2 所示。

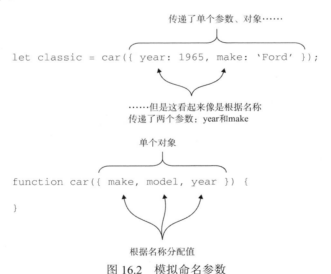

图 16.2　模拟命名参数

我们依然需要找出一种方法来设置每个参数的默认值。由于这只有一个参数，
因此可以使用所有预设值作为对象参数的默认值：

```
function car({ make, model, year } = {make:'Ford',model:'mustang',year:2017}
        ) {
    // ...制作汽车
}
```

但是这只能在没有传递对象的情况下才发挥作用。可以传递如 { year: 1965 } 这样的对象，即使这缺少一些所需的键，但是依然传递了参数。记住：实际上仅仅在处理单个参数，因此没有设置默认值：

```
function car({ make, model, year } = {make:'Ford',model:'mustang',year:2017}
                 ) {
    // ...制作汽车
}

let modern = car();
let classic = car({ year: 1965 });
```

无参数传递，因此默认使用所有设置的值创建对象

传递了参数，因此不使用默认值，不能得到品牌或型号

实际上有更好的方式，可以解构对象，给每个键单独分配默认值：

```
function car({ make = 'Ford', model = 'Mustang', year = 2017 }) {
    // ...制作汽车
}

let classic = car({ year: 1965 });
```

设置了年份，而品牌和型号使用默认值

现在，为解构的每个键设置默认值，这可以成功地将值设置为自己想要的值，然后让其他参数使用默认值。剩下的唯一问题是，如果调用函数时不带参数，情况会如何呢？

```
function car({ make = 'Ford', model = 'Mustang', year = 2017 }) {
    // ...制作汽车
}

let modern = car();
```

由于试图解构不存在的对象，因此会抛出错误

在当前的情况下，如果不想改变任何默认值，依然要使用空对象——如 car({})——调用函数。这是由于如果没有传入对象，参数就是未定义的，不能对未定义的值执行对象解构。为了修正这一点，继续使用指定的值作为每个键的默认值，同时默认空对象的所有参数：

```
function car({ make = 'Ford', model = 'Mustang', year = 2017 } = {}) {
    // ...制作汽车

}

let modern = car();
let classic = car({ year: 1965 });
```

所有值都使用默认值

设置了年份，而品牌和型号使用默认值

现在，如果不带参数调用函数，那么默认为空对象。由于空对象没有品牌、型号和年份，因此它们依然使用默认值。当然，如果传入了对象，那么任何缺失的键依然设置为各自的默认值。

快速测试 16.3   使用默认值分别为 1 和 24 的 currentPage 和 resultsPerPage，创建模拟命名参数的分页函数。

快速测试 16.3 答案
```
function pagination({ currentPage = 1, resultsPerPage = 24 } = {}) {
  // ...
}
```

16.4　创建别名参数

想象一下，有一个称为 setCoordinates 的函数，接受具有纬度和经度属性的对象。问题是，使用的是两种不同的地图库：一种用于绘制地图，另一种用于反向地理查询。一个库使用 lat 和 lon 属性，另一个库使用 lat 和 lng 属性。在这种情况下，我们希望函数具有足够的能力处理这两个库。你可能倾向于这样定义函数，如下所示：

```
function setCoordinates(coords)
  { let lat = coords.lat;
  let lng = coords.lng || coords.lon;  ←——— 将 coords.lng 或 coords.lon(存在的
  // ...使用 lat 和 lng                        任何一个)分配给变量
}
```

也可以组合参数解构和默认值，进行这种操作：

```
function setCoordinates({ lat, lon, lng = lon }) {
  // ... 使用 lat 和 lng
}
```

这里，使用解构直接获得 lat、lon 和 lng，并默认 lng 为 lon；这意味着无论提供哪个参数，都能够将其作为 lng，获取这个值。

如果 lng 默认为 lon，创建了一个别名，但是开发人员实际上要给 lng 设置一个真正的默认值，该怎么办？由于默认 lng 为 lon，因此可以简单地给 lon 添加默认值：

```
function setCoordinates({ lat = 33.7490, lon = -84.3880, lng = lon }) {
  // ...使用 lat 和 lng
}
```

现在与以前一样，函数接受了 lon 或 lng，但是这两个参数默认为特定的位置(亚特兰大)。这种方法的工作原理是，如果设置了 lng，那么 lon 设置成什么并不重要，可以忽略。如果 lng 没有设置，那么它默认为 lon。如果不设置 lon，那么它的默认值为-84.3880，同时根据传递性，lng 也默认为-84.3880。

在不解构的情况下使用默认值，也可以使用这种技术：

```
function setCoordinates(lat = 33.7490, lon = -84.3880, lng = lon) {
  // ...使用 lat 和 lng
}
```

注意没有使用{}：这意味着与前面不一样，函数没有将单个对象作为参数并解构它的值。这次实际上接受了三个不同的参数，并以类似的方式为它们设置默认值。

> **快速测试 16.4**　采用同样的技术创建一个函数，使用默认尺寸接受 width 和 height 属性或是接受 w 和 h 属性。

快速测试 16.4 答案

```
function setSize({ width = 50, height = width, w = width, h = height }) {
  // 使用 w 和 h
}
```

本课小结

本课学习了如何对函数参数应用解构技术，包括如何

- 相对优雅地将一个函数的输出连接到另一函数的输入。
- 通过模拟命名参数，使所有参数可选。
- 结合解构和默认值，给参数起别名。

下面看看读者是否理解了这些内容：

Q16.1　在下面的代码中有三个函数。每个函数都与内部地图对象交互，更新不同的属性。将这三个函数组合为一个名为 updateMap 的函数，为 zoom、bounds 和 coords 模拟命名参数。

此外，为 coords 创建别名 center，这样 coords 也可以通过 center 设置。

```
function setZoom(zoomLevel) {
  _privateMapObject.setZoom(zoomLevel);
}

function setCoordinates(coordinates) {
  _privateMapObject.setCenter(coordinates);
}

function setBounds(northEast, southWest) {
  _privateMapObject.setBounds([northEast, southWest]);
}
```

第*17*课

箭 头 函 数

阅读第 17 课后，我们将：

● 知道如何使用箭头函数让代码变得简洁；

● 知道如何使用箭头函数维护上下文。

JavaScript 中的箭头函数直接受到了 CoffeeScript 中胖箭头函数的启发。与 CoffeeScript 的行为类似，它们提供了一种非常简洁的方式来编写函数表达式，同时维护了上下文(this 引用的内容)。虽然它们的语法与 CoffeeScript 不完全一样，但同样有用。它们非常好地补充了 JavaScript，使得匿名函数和内联回调这样的操作更加优雅。

有时，外来语法使得人脑要思考一些额外的碎片内容，因此难以解析代码。较少的字符意味着代码容易理解，这并非一成不变的规则。例如，单字母变量名或过于聪明的_code golf_[1]解决方案就难以阅读。但如果比起使用较多的字符，能用较少的字符就可以更有表现力地传达意思，那么肯定更容易让人们理解。人类的大脑难以一次解析大量的信息，因此噪音降得越多越好。

---

1 一种程序员使用尽可能少的字符编写程序的游戏。

> **思考题：**这里的代码对一组数字进行映射，对每个数字应用指数。注意如何使用 that=this 维护传递给 map 的匿名函数中的上下文。特别是，map 函数接受了第二个参数设置上下文，但是许多函数没有提供方便的方式来让开发人员想出法子避开这一点，如此处使用的 that=this。你肯定多次编写过这样的代码吧？如果有一种优雅的方式维护外部的上下文，岂不是更好？
>
> ```
> const exponential = {
>   exponent: 5,
>   calculate(...numbers) {
>    const that = this;
>    return numbers.map(function(n) {
>      return Math.pow(n, that.exponent);
>    });
>   }
> }
> exponential.calculate(2, 5, 10); // ???
> ```

17.1   使用箭头函数使代码简洁

根据函数体中的表达式数目或参数的个数，箭头函数具有一些不同的语法。当函数体中只有一个参数和一个表达式时，就显得非常优雅。刚才看到的 double 函数就是这样的一个示例。在功能上，这与在其前面定义的函数表达式等效。它具有语法 singleParam => returnExpression。如果不是恰好只有一个参数(0 个、2 个或更多)，那么参数必须写在括号中：

多个参数需要写在括号中

```
const add = (a, b) => a + b;
const rand = () => Math.random();
```
没有参数时，必须使用空括号

如果需要(见图 17.1)，依然可以把单个参数写在括号中。有几种情况必须把单个参数写在括号中，例如它是 rest 参数或解构的参数：

```
const rest = (...args) => console.log(args);        正确的语法
const rest = ...args => console.log(args);          错误的语法
const destruct = ([ first ]) => first;             正确的语法
const destruct = [ first ] => first;               错误的语法
```

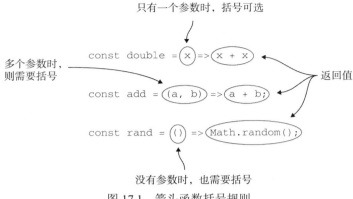

图 17.1 箭头函数括号规则

如果在函数体中有多个表达式，则表达式必须写在大括号中：

```
const doTasks = (a, b) => {
    taskOne();    ◄──── 第一个表达式
    taskTwo();    ◄──── 第二个表达式
}
```

这类似于 if 语句和 for 循环，其中只有在单个表达式或语句的情况下，大括号才是可有可无的(代码应该写在大括号内)。如果有多个表达式或语句，那么必须写在大括号内：

```
if (true) {
    doFirstThing();         这是 if 语句的一部分
    doSecondThing();    ◄
}

if(true)
    dofirstThing();         这不是 if 语句的一部分
    doSecondThing();    ◄

const doTasks = (a, b) =>    这是函数的一部分
    { taskOne();
    taskTwo();          ◄
}

const doTasks = (a, b) =>    这不是函数的一部分
    taskOne();
    taskTwo();          ◄
```

在省略了大括号的情况下，所带来的额外好处并不仅仅是少输入两个字符：单个表达式有一个隐式 return。由于这阅读起来像是输入值指向 return 值，因此单

个表达式箭头函数的隐式 return 非常优雅。例如，非操作函数[1]看起来类似于 x =>
x，而将其值包装在数组中的函数看起来类似于 x => [x]。from => to、start => finish
或 give => get 这些表达式读起来感觉非常顺畅。这种简洁的语法简直就是零认知
负荷(不费脑)，更具有自我记录性，大脑极其容易解析它们。

　　箭头函数使得代码极其简洁的另一种情况是，函数需要返回另一个函数。例
如有一个称为 exponent 的函数，接受一个数字，返回对给定基数求指数的另一个
函数：

```
const exponent = exp => base => base ** exp
const square   = exponent(2)
const cube     = exponent(3)
const powerOf4 = exponent(4)

square(5)    ◄───── 25
cube(5)   ◄───── 125
powerOf4(5)  ◄───── 625
```

注意**运算符。这是 ES2016 中引入的计算指数的新运算符，先前必须使用
Math.pow 来完成同样的任务。

　　下面介绍在 ES5 中如何实现同样的 exponent 函数：

```
var exponent = function(exp) {
  return function(base) {
    return Math.pow(base, exp)
  }
}
```

显然用箭头函数实现的版本更简单，且更易于阅读。

　　第 15 课定义了 pluck 函数，它获取某个对象中的一组指定值。下面给出了最
初的 pluck 函数，还给出了一个该函数使用箭头函数实现的版本：

```
function pluck(object, ...props) {
  return props.map(function(property) {
    return object[property];
  });
}

function pluck(object, ...props) {
  return props.map( prop => object[prop] );
}
```

---

1 空操作，通常用来钩住功能，请参见 https://en.wikipedia.org/wiki/NOP。

用箭头函数实现的后一个版本应该更容易阅读吧？高阶函数(如 map、reduce、filter 等)非常适合使用箭头函数漂漂亮亮地实现。当这些高阶函数需要在其包含的上下文中执行时，更是如此。

快速测试 17.1 　使用箭头函数对下列求和函数进行转换:

```
const sum = function(...args) {
  return args.reduce(function(a, b) {
    return a + b;
  });
}
```

快速测试 17.1 答案

```
const sum = (...args) => args.reduce( (a, b) => a + b );
```

17.2 　使用箭头函数维护上下文

本节进一步探讨上一节的 pluck 函数。在此处，我们不将对象当作参数进行运算，而是采用 Model 对象，即数据库记录的包装器对象。pluck 函数是这个 Model 对象上的方法。如果不需要考虑上下文而实现这个函数，那么当这个函数试图使用关键字 this 在回调函数中引用本身时，将会崩溃:

```
const Model = {
  // ...其他方法

  get(propName){
  // 返回`propName`的值
  }

  pluck(...props) {                     关键字 this 并不指回 Model 对象
    return props.map(function(prop) {
      return this.get(prop);
    });
  }
}
```

在我看来，有一种常见的做法相当丑陋，即首先声明称为 that 的变量，然后将 this 赋值给 that，这样在回调函数中，即使丢失了上下文，依然可以访问变量 that:

```
// ...
  pluck(...props) {
    const that = this;                  获得 this 引用的 that,
    return props.map(function(prop) {   供回调时使用
      return that.get(prop);            使用 that 引用
    });
  }
// ...
```

虽然"让 that 等于 this"这种胡闹的做法也行得通，但并不能使代码易读。实际上，对于此类的大多数高阶函数而言，有一种终极的做法来设置调用上下文，如下所示：

```
// ...
  pluck(...props) {                     将上下文设置为
    return props.map(function(prop) {   this(Model 对象)
      return this.get(prop);
    }, this);                           关键字 this 现在指向
  }                                     Model 对象
// ...
```

这已经比 that = this 的方法好多了，但是开发人员实际上可以使用箭头函数跳过整个上下文这一步。箭头函数的上下文直接与定义它的上下文绑定。也就是说，关键字 this 在箭头函数内部和外部永远一样，因此使用箭头函数实现的版本如下所示：

```
// ...                                  关键字 this 仍然
  pluck(...props) {                     指向 Model 对象
    return props.map( prop => this.get(prop) );
  }
// ...
```

出于有趣，移去所有的 JavaScript.Next 特性，与这段代码比较一下，看看代码是否易读：

```
// ...
  pluck: function() {
    var props = [].slice.call(arguments);
    return props.map(function(prop) {
      return this.get(prop);
    }, this);
  }
// ...
```

我们发现，对于像这样的一个小方法，在可读性方面竟有如此大的区别。想

象一下，一个完整的应用程序的可读性将会提高多少，而这才刚刚开始！

> **快速测试 17.2**　使用箭头函数重新实现入门练习中的指数方法。

快速测试 17.2 答案

```
const exponential = {
  exponent: 5,
  calculate(...numbers) {
    return numbers.map( n => Math.pow(n, this.exponent) );
  }
}
exponential.calculate(2, 5, 10); // [32, 3125, 100000]
```

17.3　箭头函数的陷阱

注意，关于箭头函数，有一点很重要，即它们通常是函数表达式，而不是函数定义：

```
function double (number) {    ◄——— 函数定义
  return number * 2;
}
const double = function (number) {    ◄——— 函数表达式
  return number * 2;
}                                          箭头函数(相当
                                           于函数表达式)
const double = number => number * 2;  ◄———
```

这意味着箭头函数不能像函数定义一样被提升：

```
const ids = getIds()    ◄
const items = getItems()◄
                              由于函数定义被提升，
                              因此可以工作
function getIds() {
  //...                       由于常量在声明前不能被
}                             访问，因此出现引用错误

const getItems = () => {
  //...
}
```

由于 const 和 let 变量在声明前禁止访问，因此这会抛出引用错误。但是使用 var 声明的变量可以在声明前访问(即使为未定义的变量)。现在，即使使用 var 创

建箭头函数，但是如果在箭头函数声明之前使用它，依然会抛出错误，不过这个错误现在为类型错误：

```
const ids = getIds()          ◄──────┐
                                     │  由于函数定义被提升，
const items = getItems()      ◄──────┘  因此这可以工作

function getIds() {
  //...                       ◄──────  类型错误，未定义值
}                                       不是函数

var getItems = () => {
  //...
}
```

箭头函数另一种常见的情况可能令人费解，即试图让箭头函数返回隐式对象字面量时。你可能会编写出如下所示的代码：

```
const getSize = () => { width: 50, height: 50 };   ◄──── 语法错误
```

实际上，这是语法错误。在任何时候，箭头函数的=>后面都是跟着大括号，这意味着使用大括号将函数体封闭在内(无论有多少表达式)。为了解决这个问题，可以将对象字面量包装在小括号中：

```
const getSize = () => ({ width: 50, height: 50 });   ◄──── 按预期工作
```

最后，箭头函数不能使用 bind、call 或 apply 改变其上下文，这意味着如果尝试使用改变回调函数上下文的库，会出现错误。例如，jQuery 改变了提供给$.each()的上下文，使得 this 引用给定的 DOM 节点，如下所示：

```
const $spans = $('span');
$spans.each(function() {
  const $span = $(this);      ◄──────  jQuery 设置 this 指向单
  $span.text( $span.data('title') );      个 span 的 DOM 节点
});
```

jQuery 通过使用 call 或 apply 调用回调函数并设置给定节点的上下文来做到这一点。如果使用箭头函数，则 jQuery 不能改变上下文：

```
const $spans = $('span');
$spans.each(function() {         jQuery 不能设置 this,
  const $span = $(this);    ◄──── 因此$(this)不能工作
  $span.text( $span.data('title') );
});
```

如果能够避免这些陷阱，那么箭头函数将成为开发人员的得力工具。

快速测试 17.3　在控制台上会显示什么内容?

```
console.log(typeof myFunction);
var myFunction = () => {
  //...
}
```

快速测试 17.3 答案
`undefined`

本课小结

本课学习了箭头函数的语法和基本原理。
- 箭头函数是编写函数的简洁方式。
- 箭头函数在参数列表后使用运算符=>，这与在参数列表前使用关键字 function 恰好相反。
- 当函数体中只有一个表达式时，箭头函数的大括号是可选的。
- 在省略大括号的情况下，箭头函数隐式地返回。
- 箭头函数的上下文(this)被绑定到定义它的上下文。

下面看看读者是否理解了这些内容:

Q17.1　此处有一个 translator 函数，当使用国家代码调用时，会返回模板字面量标记函数，这个函数使用 TRANSLATE 函数将内插的值翻译成对应的语言。TRANSLATE 函数只是模拟测试 translator 函数是否能工作。构建实际的翻译库超出了本书的讨论范围。使用箭头函数重新实现 translator 函数。应该总共使用三个箭头函数:

```
function TRANSLATE (str, lang) {
  // 模拟 translator，因为构建真正的 translator 超出了本书的讨论范围
  switch (lang) {
    case 'sv':
      return str.replace(/e/g, 'ë');
    break;
    case 'es':
      return str.replace(/n/g, 'ñ');
    break;
    case 'fr':
      return str.replace(/e/g, 'é');
```

```
      break;
    }
  }
}

const translator = function (lang) {
  return function(strs, ...vals) {
    return strs.reduce(function(all, str) {
      return all + TRANSLATE(vals.shift(), lang) + str;
    });
  }
}

const fr = translator('fr');
const sv = translator('sv');
const es = translator('es');

const word = 'nice';

console.log( fr`${word}` ); // nicé
console.log( sv`${word}` ); // nicë
console.log( es`${word}`  ); // ñice
```

第 *18* 课

生成器函数

阅读第 18 课后，我们将：

- 知道如何定义生成器函数；
- 知道如何从生成器函数中获得值；
- 了解生成器函数的生命周期。

在 JavaScript 最近新增的所有特性中，生成器函数是比较难以理解的内容。大部分 JavaScript 开发人员对生成器函数所引入的代码执行和处理的新形式从未见过。生成器不是新概念，它们早已成为 Python、C#和其他语言的一部分。本课仅仅简单介绍一下这个主题。

在创建列表时，会发现生成器有诸多好处，但这不是生成器带来的所有好处。这好比我们说对象仅仅在存储键/值对时有用。其实，生成器与对象一样，是一种强大的多用途工具，可以用于解决各种问题。例如，我们将在第 5 单元和第 7 单元中看到，生成器与迭代子和异步任务一起工作时，发挥出了巨大的作用。现在，我们只需要掌握基本知识。

> **思考题**：在函数内部，一旦返回了某个值，将不再处理函数的其余部分，而是退出函数。这意味着 return 语句终止了函数，不允许函数进一步执行。如果在返回某个值的情况下，仅仅是在这个点暂停了函数而不是退出函数，此后再告诉函数从所暂停的地方继续执行，那该怎么做呢？

18.1 定义生成器函数

生成器函数是一种特殊类型的函数，是返回新生成器对象的工厂。从生成器函数中返回的每个生成器对象根据生成它的函数体进行相应的操作，也就是说，生成器函数体定义了所返回的每个生成器的蓝图：

```
function* myGeneratorFunction() {          使用星号标记生成器函数
  // ...
}                                          不需要使用 new 就可以
                                           调用生成器函数
const myGenerator = myGeneratorFunction();
```

为了表示某个函数为生成器函数，需要使用星号来定义它。星号可以与函数名接触，也可以与关键字 function 接触，如 function* ...。因为前一种形式与对象字面量上的简洁生成器函数一致，因此我更喜欢前者，但是现在看起来后者更受欢迎。其实，星号的两侧也可以有空格，如 function * myFunction：

```
const myObj = {
  * myGen() {          对象字面量上的简洁生成器方法
    // ...
  }
}
```

生成器函数的代码行为与正常函数一样，但是有一个特别大的不同，即 yielding。JavaScript 中有一个新关键字仅用于生成器函数内部：yield。这个 yield 创建了函数内部和外部之间的双向通信信道。

每当遇到 yield 时，函数停止执行，将控制返回给调用函数的外部代码。与 return 语句类似，yield 也可以将某个值传递给外部进程：

```
function* myGeneratorFunction() {
  // ...
  const message = 'Hello'    执行将在这里停止，返回
  yield message;             值 Hello 给包含它的进程
  // ...
}
```

不同于 return 语句，yield 实际上是表达式，可以获得值，供函数以后使用：

```
function* myGeneratorFunction() {
  // ...
  const message = 'Hello'
  const response = yield message;   ← 从包含的进程中捕获值
  // ...
}
```

由于这与 JavaScript 中的关键字不一样，因此这个细节很重要。当出现 yield 时，与返回值不一样，函数体并没有退出，而是暂停了，返回了带有 value 和 done 属性的对象，然后等待包含它的进程告诉函数继续执行。此时，进程可能会传回一个值，也就是此处 response 获得的值。这是生成器函数生成的双向通信信道，如图 18.1 所示。

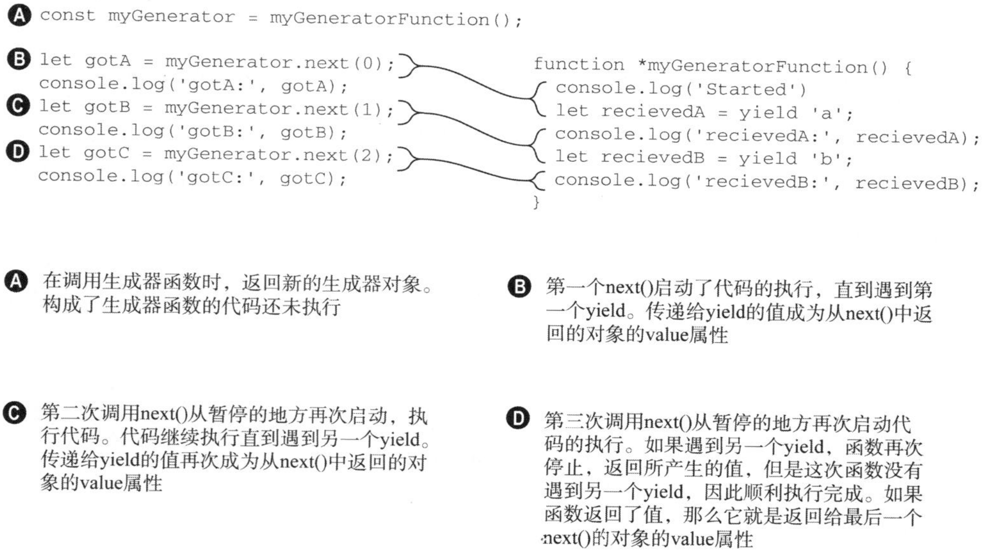

Ⓐ `const myGenerator = myGeneratorFunction();`

Ⓑ `let gotA = myGenerator.next(0);`
`console.log('gotA:', gotA);`
Ⓒ `let gotB = myGenerator.next(1);`
`console.log('gotB:', gotB);`
Ⓓ `let gotC = myGenerator.next(2);`
`console.log('gotC:', gotC);`

```
function *myGeneratorFunction() {
  console.log('Started')
  let recievedA = yield 'a';
  console.log('recievedA:', recievedA);
  let recievedB = yield 'b';
  console.log('recievedB:', recievedB);
}
```

Ⓐ 在调用生成器函数时，返回新的生成器对象。构成了生成器函数的代码还未执行

Ⓑ 第一个next()启动了代码的执行，直到遇到第一个yield。传递给yield的值成为从next()中返回的对象的value属性

Ⓒ 第二次调用next()从暂停的地方再次启动，执行代码。代码继续执行直到遇到另一个yield。传递给yield的值再次成为从next()中返回的对象的value属性

Ⓓ 第三次调用next()从暂停的地方再次启动代码的执行。如果遇到另一个yield，函数再次停止，返回所产生的值，但是这次函数没有遇到另一个yield，因此顺利执行完成。如果函数返回了值，那么它就是返回给最后一个next()的对象的value属性

图 18.1　双向通信信道

如果读者感到困惑，也没关系：在真正开始理解生成器函数之前，需要理解生成器如何在函数内部和外部进程中工作。到目前为止，我们仅仅讨论了内部行为，这没有任何意义，只有与外部行为对比，才有意思。接下来，我们将讨论这个内容。

> **快速测试 18.1**　哪个生成器函数声明的语法正确？
>
> ```
> function* a() { /* ... */ }
> function * b() { /* ... */ }
> function *c() { /* ... */ }
> ```

18.2　使用生成器函数

在调用生成器函数时，会得到新的生成器对象。生成器对象一开始处于停止状态，不做任何事情，直到它调用 next()。next()指导生成器对象开始执行生成器函数体内的代码：

```
function* myGeneratorFunction() {
    console.log('This code is now running');
}

myGeneratorFunction();

const myGenerator = myGeneratorFunction();
myGenerator.next();
```

此处得到不到 log

此处也得到不到 log

只有此时才得到 log

如果生成器函数体遇到 yield，那么它会再次停止，不会继续执行，直到生成器对象再次调用 next()：

```
function* myGeneratorFunction() {
    console.log('A');
    yield;
    console.log('B');
}

const myGenerator = myGeneratorFunction();
myGenerator.next();
myGenerator.next();
```

显示了第一条日志记录，然后在 yield 处，生成器再次停止

显示了第二条日志记录

每次调用 next()时，都会得到具有两个属性的对象：包含 yield 处的任意值的 value 属性和 done 属性(指示生成器是暂停还是结束)。参见代码清单 18.1 和图 18.2。

代码清单 18.1　运行中的生成器函数

```
function* myGeneratorFunction() {
    console.log('Started')
    let recievedA = yield 'a';
    console.log('recievedA:', recievedA);
    let recievedB = yield 'b';
    console.log('recievedB:', recievedB);
```

```
}

const myGenerator = myGeneratorFunction();
let gotA = myGenerator.next(0);            ◄──── Started
console.log('gotA:', gotA);                ◄──── gotA: { value: "a", done: false } receivedA: 1
let gotB = myGenerator.next(1);            ◄──── receivedA: 1
console.log('gotB:', gotB);                ◄──── gotB: { value: "b", done: false } receivedB: 2
let gotC = myGenerator.next(2);            ◄──── receivedA: 2
console.log('gotC:', gotC);                ◄──── gotC { value: undefined, done: true }
```

定义称为myGeneratorFunction
的生成器函数

```
function *myGeneratorFunction() {
  // ...
  const message = 'Hello'
  const response = yield message;
  // ...
}
```

yield一个值

创建生成器实例。函数
体中的代码还未执行

```
const myGenerator = myGeneratorFunction();
```

第一个next()启动了函数,
直到遇到第一个yield。
value为所产生的任何值

```
const { value, done } = myGenerator.next();
```

再次调用next()从上次
停止的地方启动代码。
如果生成器函数的代码
已经执行完毕,done为真

```
const { value, done } = myGenerator.next('World');
```

图 18.2　生成器函数的执行顺序

注意从生成器函数返回的最终对象如何将 done 设置为 true 和将 value 设置为 undefined。done 为 true 意味着生成器到达函数的最终点，无更多代码可执行。那些试图操作生成器的代码可以使用这个属性确定何时停止调用生成器的 next()。当生成器在最后实际返回(非 yield)某个值时，这是唯一一次 done 为 true 而 value 属性不为 undefined 的情况。

相反，要注意最初传递给 next()的 0 从未使用过。这是由于与所有后面的 next() 不一样，第一个 next()不与 yield 绑定。第一个 next()是让生成器从起始的停止状态开始运行。如果需要传递初始值，可以使用常规的函数参数：

```
function* myGeneratorFunction(initialValue) {
  // ...
}

const myGenerator = myGeneratorFunction(0);
```

这里需要理解很多内容。请随时再次阅读本节或运行自己的生成器函数来体会。目前不必理解何时以及为何使用生成器函数。在深入了解更多有用的应用之前，请浏览所有这些全新的功能。

> **快速测试 18.2**　创建一个生成器函数，使其在完成前通过 yield 产生两个不同的值。

快速测试 18.2 答案
```
function* simpleGen() {
  yield 'Java';
  yield 'Script';
}
```

18.3　使用生成器函数创建无限列表

类似 Haskell 这样的一些语言由于采用懒惰评估的方式，因此允许创建无限列表。这意味着在技术上，列表包含了无限的值，但是只有在请求某个值时，才分配内存。而 JavaScript 则是使用急切评估的方式。因此，如果试图使用具有无限值的数组，JavaScript 会尝试将它们全部加载到内存中，直到内存耗尽。使用生成器函数可以很容易模拟这一点。可以模拟从 0 到无限大的无限列表，如代码清单 18.2 所示。

代码清单 18.2　使用生成器函数生成无限列表

```
function* infinite() {
  let i = 0;
  while (true) {
    yield i++;
  }
}

const list = infinite();
console.log( list.next().value );    ← 记录 0
console.log( list.next().value );    ← 记录 1
console.log( list.next().value );    ← 记录 2
```

如果继续调用 next()，就会得到无限列表中的下一个值。注意如何使用 while (true)，这样函数将永远不会停止。如果这是普通的函数，将会形成无限循环，直至崩溃。但由于每次遇到 yield 时，它都会停止，产生某个值，因此可以使用懒惰评估的方式，只在请求某项时计算其值。

定义一个小小的辅助函数，用于从无限列表中取值：

```
function take(gen, count) {
  return Array(count).fill(1).map(
    () => gen.next().value
  );
}
```

```
take(infinite(), 7);    ←——— [0, 1, 2, 3, 4, 5, 6]
```

现在来创建一个更有趣的无限数字列表。斐波那契数列从数字 0 和 1 开始，序列中的每个整数都为前两个整数的和。因此，如果从 0 和 1 开始，那么接下来就是 1、2、3、5、8 等，如代码清单 18.3 所示。

代码清单 18.3　生成斐波纳契数列

```
function* fibonacci() {
  let prev = 0, next = 1;

  for (;;) {
    yield next;              ←—— 首先，得到未改变的 next 值的引用
    let tmp = next;
    next = next + prev;      ←—— 将未改变的 prev 值加到 next 值上
    prev = tmp;             ←—— 最后，使用 tmp 值更新 prev
  }
}
```

```
take(fibonacci(), 7);    ←——— [[1, 1, 2, 3, 5, 8, 13]
```

这真是太棒了！然而，其实可以使用数组解构来更新 prev 和 next 值，而无须依赖中间值 tmp：

```
function* fibonacci() {
  let prev = 0, next = 1;

  for (;;) {
    yield next;
    [next, prev] = [next + prev, next];
  }
}
```

原来使用生成器创建列表是多么容易的一件事情。在第 5 单元讨论迭代时，我们很快就可以发现这不是偶然的。

> **快速测试 18.3**   使用生成器函数创建一个包含所有奇数的无限列表。

快速测试 18.3 答案

```
function* odd() {
  let i = 1;
  while (true) {
    yield i;
    i += 2;
  }
}
```

本课小结

本课简单介绍了生成器函数的语法和生命周期。

- 使用星号来定义生成器函数。
- 生成器函数返回生成器对象。
- 生成器使用 yield 关键字产生值。
- 生成器函数在每个 yield 处暂停，直到使用 next()告知它继续运行。
- 将值作为 next()的参数传递给生成器。

下面看看读者是否理解了这些内容：

Q18.1   创建一个生成无限日期列表的生成器。第一次调用 next()时产生当前日期。接下来每次调用 next()时应该产生下一天的日期。此外，生成器应该可以接受参数，告诉它从哪个日期开始，默认为当前日期。

第 *19* 课

顶点项目：囚徒困境

假设你接受了一项光荣的任务，要组织一场编程马拉松(这是一种编程竞赛，向竞赛者提出编程挑战，期望他们能够解决)。

作为博弈论爱好者的你决定使用囚徒困境作为编程马拉松的挑战题目。鉴于读者可能不太知道什么是博弈论，因此我会解释一下什么是囚徒困境。两个囚徒在不同的房间受到审问，每个囚徒都被要求告发另一个囚徒。取决于讲故事的人不同，在每个囚徒告发另一个囚徒的情况下，确切发生的事情会有所不同。但基本的思想是一样的。最好的结果是每个囚徒都不告发另一个囚徒。如果某个囚徒告发了另一个囚徒，那么另一个囚徒最好也告发其同伴，但是如果另一个囚徒没有告发，那结局就比较糟糕。如果两个囚徒都告发了对方，这对双方都不利，但是比起只有一方被告发，罪行要轻得多。出于编程马拉松的目的，结局设计如下所示：

- 如果两个囚徒都告发对方，每人服刑一年。
- 如果只有一个囚徒告发其同伴,这个囚徒获得自由，另一个囚徒服刑两年。
- 如果没有囚徒告发，两个人都获得自由。

之后向每个选手解释他们需要为囚徒编程，与另一个选手的囚徒对垒，获得最少的服刑年数。由于这不依赖于主观评分，而是使用无人可以辩驳的度量，因此这是一个非常棒的编程马拉松。

如果在开始编程马拉松前想进行概念验证，了解能够获得的可能结果，那么需要：

- 明白囚徒 API：单个囚徒的界面看起来的样子
- 明白囚徒工厂API：生成囚徒的界面看起来的样子
- 构建一些不同的囚徒工厂进行对垒
- 构建模拟程序，接受两个囚徒，比较它们的行为并计分
- 构建结束时展现分数的方式

19.1 生成囚徒

　　为了能够使用模拟程序运行每个囚徒，每位参赛者提交的程序必须实现所有人都同意的共同接口。用于生成囚徒的接口被称为囚徒工厂 API。囚徒工厂 API 会生成囚徒对象。开发人员需要弄清楚每个囚徒的界面，将此简称为囚徒 API。

　　囚徒 API 非常简单：只需要称为 snitch 的方法，返回 true 或 false 指示囚徒是否告发了对方。还可以为每个囚徒添加称为 sentencedTo 的方法，这样就可以对囚徒进行判刑。由于不需要参赛者处理囚徒的宣判，因此这不是要求参赛者构建的 API。

　　由于囚徒工厂 API 要一直生成新囚徒以供审问，并且需要能够适应实时的情况生成囚徒，因此有点复杂。为了做到这一点，每次从工厂中请求囚徒时，需要向工厂提供统计数据，告诉它们迄今所止囚徒的表现如何。统计数据是数字数组，指示每个囚徒被判的服刑年数。如果没有服刑，则为 0。这允许工厂实时做出反应，根据它们表现的好坏，改变它们所生成的囚徒。这意味着，对于每次审问，在获得另一个囚徒对象之前，都需要传递统计(数据)给工厂。由于生成器可以生成囚徒给模拟程序，并且模拟程序可以传回统计数据，因此对于这种双向通信，使用生成器是有道理的(参见图 19.1)。

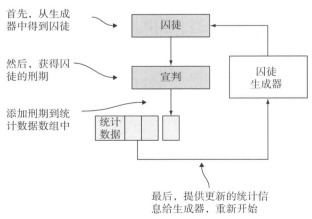

图 19.1 囚徒的生命周期

定义一个生成器来产生囚徒：

```
function* prisoner() {
  for(;;) {
    yield {
      snitch() {
        return true
      }
    }
  }
}
```

这个囚徒生成器一直产生新囚徒。囚徒是拥有 snitch 方法的对象。参赛者不知道他们所提交的程序要在模拟器上运行多少次，因此生成器使用永无止境的for(;;)循环是有道理的。可以测试这一点，如下所示：

```
const prisoners = prisoner()
prisoners.next().value.snitch()  ←—— 真
```

看来这是一个总是告发的囚徒。但是仍然需要传递回先前的结果。如果每次调用 next 时，都传递回先前的结果数组，那么当囚徒生成器 yield 时，就能够获得这些信息，如下所示：

```
function* prisoner() {
  let stats = []      ←——————————  所产生的第一个囚徒还没有任何统计
  for(;;) {                        数据，默认的统计数据为空数组
    stats = yield {   ←——
      snitch() {              产生每个囚徒后，返回先前所
        return true          有结果的统计数据
      }
    }
  }
}
```

现在，在产生一个囚徒之前，程序可以看看先前的结果，使用这些信息指导囚徒是否告发。当然，这些始终告发的囚徒没有利用这些统计数据，我们要改变这一点。让最近不得不服刑的囚徒告发，其他囚徒不告发：

```
function* prisoner() {
  let stats = []
  for(;;) {
    stats = yield {
        snitch() {               如果囚徒上一次服刑了，那
        return stats.pop() > 0  ←——  么告发，否则不告发
      }
    }
```

```
      }
    }
  }
```

囚徒工厂 API 的最后一部分是让参赛者命名他们所提交的程序。通过使用这种方式，模拟程序可以告诉人们哪个囚犯赢得了比赛。为了达到这个目标，每个囚徒工厂应该是具有 name 属性和 generator 属性的对象。因此，改变先前的示例，如代码清单 19.1 所示：

代码清单 19.1   具有 name 和 generator 的囚徒工厂

```
const retaliate = {
  name: 'retaliate',
    *generator() {
      let stats = []
      for(;;) {
        stats = yield {
          snitch() {
            return stats.pop() > 0
          }
        }
      }
    }
}
```

19.2   让囚徒互动

这是要包装囚徒和囚徒工厂 API，每个参赛者都需要使用囚徒和囚徒工厂 API 构建自己的入口点。现在，需要一种方式让囚徒在审讯中互相对垒，看看谁的服刑年数最少。为了做到这一点，定义 interrogate 函数来接受两个囚徒，询问他们是否告发，然后判刑，如代码清单 19.2 所示。

代码清单 19.2   interrogate 函数让两个囚徒对垒

```
function interrogate(criminal, accomplice) {

  const criminalsnitched = criminal.snitch()          两个都告发；每个
  const accomplicesnitched = accomplice.snitch()       囚徒获刑一年

  if (criminalsnitched && accomplicesnitched) {
    criminal.sentencedTo(1)                            只有主犯告发，则他无罪
    accomplice.sentencedTo(1)                          释放，而帮凶获刑两年
  } else if (criminalsnitched) {
```

```
    criminal.sentencedTo(0)
    accomplice.sentencedTo(2)
} else if (accomplicesnitched) {
    criminal.sentencedTo(2)
    accomplice.sentencedTo(0)
} else {
    criminal.sentencedTo(0)
    accomplice.sentencedTo(0)
    }
}
```

只有帮凶告发，则他无罪
释放，而主犯获刑两年

无人告发；都无罪释放

interrogate 函数接受两个囚犯，要求他们告发，然后根据预定义的规则，进行
判刑。注意现在对每个囚犯调用 sentencedTo 方法。记住：不要让参赛者自己实现
这个方法，以避免他们欺骗，因此需要将这个方法添加到每个囚徒对象中。

19.3　获取和存储结果

为了将 sentencedTo 附加到每个囚徒对象上，需要编写自己的生成器函数，接
受囚徒工厂作为参数，通过工厂生成器从内部获取囚徒，在添加 sentencedTo 方法
后产生出他们：

可以直接使用参数解构，获取
名字和生成器

统计数组将追踪
先前的结果

```
function* getPrisoners({ name, generator }) {
    const stats = [], prisoners = generator()

    for(;;) {
        const prisoner = prisoners.next(stats.slice()).value
        yield Object.assign({}, prisoner, {
            sentencedTo(years) {
                stats.push(years)
            }
        })
    }
}

const wrappedRetaliate = getPrisoners(retaliate)

const prisoner = wrappedRetaliate.next().value

if (prisoner.snitch()) {
    prisoner.sentencedTo(10)
}
```

调用 stats.slice
传递副本

添加 sentencedTo
方法到囚徒副本

当囚徒被判刑时，将其
添加到统计中

在 getPrisoners 生
成器中，封装先前
的报复工厂

所生成的囚徒现在有了
一个 sentencedTo 方法

与以前一样获取囚徒

这个函数包装了参赛者的代码，并在添加了所需的 sentencedTo 方法后，产生出每个参赛者的囚徒。sentencedTo 方法将结果(或宣判)添加到数组中，追踪所有的结果。统计数据将会传递回囚徒生成器，让囚徒生成器做出改变。在将统计数据传递回参赛者的代码时，调用 stats.slice() 获得副本，确保参赛者的代码不会改变统计数据。

模拟程序需要能够获得统计数据，以及从函数中返回的名字。由于在每次调用 next 时，这个函数才获得囚犯，因此这需要讲究一些技巧。可以使这个函数每次都获得 name、stats 和 prisoner，但是在对 prisoner 提出要求后，真正需要的只有 name 和 stats，因此这没有必要。在对囚徒提出要求后，在上一次 next 调用中传入 true，表示已经完成该操作。这可以告诉 getPrisoners 生成器不再需要囚徒了，而是需要所测试囚徒的 stats 和 name，如代码清单 19.3 所示。

代码清单 19.3　从生成器中获取囚徒的 stats 和 name

```
function* getPrisoners({ name, generator }) {
  const stats = [], prisoners = generator()

  for(;;) {
    const prisoner = prisoners.next(stats.slice()).value       // 在每次 yield 之后，都会捕获已完成标志

    const finished = yield Object.assign({}, prisoner, {
      sentencedTo(years) {
        stats.push(years)
      }
    })
    if(finished) {                                             // 一旦结束，跳出 for 循环
      break
    }
  }
  return { name, stats }                                       // 最终值为 name 和 stats
}
```

19.4　将模拟程序结合在一起

现在需要编写一个 test 函数，接受参赛者的囚徒，让他们互相对垒，实际执行模拟，如代码清单 19.4 所示。

代码清单 19.4　全部结合起来

```
function test(...candidates) {       // 使用 rest 获得任意数目的囚徒进行测试
```

```
const factories = candidates.map(getPrisoners)
const tested = []

for(;;) {
    const criminal = factories.pop()
    tested.push(criminal)

    if(!factories.length) {
        break
    }

    for (let i = 0; i < factories.length; i++) {
        const accomplice = factories[i]
        interrogate(criminal.next().value, accomplice.next().value)
    }
}
return tested.map(testee => testee.next(true).value)
}
```

使用 getPrisoner 包装器
对囚徒进映射

在让囚徒互相对
垒后跳出循环

获得最终值
并返回它们

test 函数使用 rest 来测试任意数量的参赛者囚徒。将囚徒弹出数组并测试囚徒，使其对垒数组中的剩余囚徒，确保使每个囚徒对垒所有其他的囚徒。然后，将囚徒压入 tested 数组，结束时返回结果。快速定义一些其他的囚徒，让他们互相对垒，进行测试，如代码清单 19.5 所示。

代码清单 19.5　定义多个囚徒

```
const never = {
    name: 'never',
    * generator() {
        for(;;) {
            yield {
                snitch() {
                    return false
                }
            }
        }
    }
}

const always = {
    name: 'always',
    * generator() {
        for(;;) {
            yield {
                snitch() {
```

```
                    return true
                }
            }
        }
    }
}

const rand = {
    name: 'random',
    * generator() {
        for(;;) {
            yield {
                snitch() {
                    return Math.random() > 0.5
                }
            }
        }
    }
}
```

现在，有三种不同类型的囚徒要与报复型囚徒对垒：永不告发的 never 囚徒、总是告发的 always 囚徒和随机告发的 rand 囚徒。让我们来看看他们如何对垒：

```
test(retaliate , never, always, rand);  ◄───── [Object, Object, Object, Object]
```

19.5　哪种囚徒表现最好

现在已经成功测试了所有囚徒条目。但使用当前格式的话，阅读结果比较困难。当前获得了一个对象数组；每个对象都有一个所有结果(结果就是所审判的年份数)的 name 属性数组。如果结果是单个对象，其中每种囚徒类型的名字作为键，所服刑的年份总数作为值，那么就更容易阅读。编写一个辅助函数，将结果转换为这种格式：

```
function getScore({ value }) {
    const { name, stats } = value
    const score = stats.reduce( (total, years) => total + years)
    return {
        [name]: score  ◄─────      使用计算属性名称对
    }                              属性(囚徒的名字)进
}                                  行赋值
```

getScore 函数接受囚徒最后产生的值，计算总服刑年份数，返回将囚犯名字作为属性并将总和作为值的对象。需要更新 test 函数，将每个结果映射到 getScore

函数，以便进行格式化：

```
function test(...candidates) {

  // ...为了简洁起见而省略

  return Object.assign.apply({}, tested.map(criminal => (
    getScore(criminal.next(true)
  ))))
}
```

再次运行 test：

```
test(retaliate , never, always, rand);    {random: 2, always: 0, never: 6, retaliate: 2}
```

到目前为止，好像是对 always 囚徒有利。但可以增强模拟器，使得每个囚徒与其他的囚徒对垒 50 次，而不是一次；也可以是每种囚徒与自己对垒。首先，快速定义辅助函数，执行回调 50 次：

```
function do50times(cb) {
  for (let i = 0; i < 50; i++) {
    cb()
  }
}
```

最后，更新 test 函数，做出最终修改，如代码清单 19.6 所示。

代码清单 19.6　审讯囚徒 50 次

```
function test(...candidates) {
  const factories = candidates.map(getPrisoners)
  const tested = []

  for(;;) {
    const criminal = factories.pop()
    tested.push(criminal)

    do50times(() => interrogate(criminal.next().value, criminal.next().value))

    if (!factories.length) {
      break
    }

    for (let i = 0; i < factories.length; i++) {
      const accomplice = factories[i]
      do50times(() =>
      ➥interrogate(criminal.next().value, accomplice.next().value))
    }
}
```

开发人员的修改

```
  }

  return Object.assign.apply({}, tested.map(criminal => (
    getScore(criminal.next(true)
  )))))
}
```

现在，测试因徒与其他类型的因徒对垒 50 次，包括自我对垒。最后一次运行 test：

```
test(retaliate , never, always, rand);
```

{random: 187, always: 177, never: 156, retaliate: 90}

现在，报复型因徒的结果好多了。显然，只有能够使用统计数据的因徒最终才能得到最佳方案。

本课小结

在本课的顶点项目中创建了一个因徒困境模拟运行器。这个运行器的关键点是允许参赛者进行编程，模拟因徒，观察在因徒困境场景下，何种因徒表现最好。这里仅进行了一些简单的因徒模拟；可以很容易地进一步编写出考虑更周全的因徒模拟程序，观察这与顶点项目中的因徒模拟程序相比有何优势。

单元 4

模　　块

　　直到最近，大多数前端应用都遵守相同的范式来使用库：暴露全局变量。例如，如果想在项目中使用 jQuery(https://jquery.com)，就要通过 jQuery 网站下载 jquery.js 或 jquery.min.js，将其添加到项目的 js 或 vendor 文件夹中，然后使用<script>标记，将库导入应用中。由于这要求模块使用全局变量导出自己，因此可能会与其他全局变量发生冲突能性，同时，这也要求在导入任何库之前，要先包括其依赖库，否则将出现错误。

　　由于模块使用模块加载器将脚本包括在内，因此解决了这个问题。模块本身可以指定并加载依赖库，因此避免了让应用的开发人员处理这些依赖库。

　　模块可以将大块的代码分解成小块、内聚的单元。每个模块都被包含在自己的文件中。在文件中未导出的任何内容都是私有的，而无须被包装在立即调用函数表达式(IIFE)中来创建私有作用域。由于在模块中的代码不会将任何内容附加到全局名称空间，因此模块之外的任何代码必须显式导入所需要的模块内容，才能引用这些内容。

　　由于确切知道了每个值的来源，因此模块使得推理代码变得容易。可以直接在模块中定义，也可以是从其他地方导入，因此开发人员甚至无须盯着某个变量，思考它是在哪里定义的，也无须担心在其他地方使用了模块的某些部分。如果值未被导出，那么它就是私有的；如果值被导出，那么其他代码很可能就使用了它。

　　与将代码分解成许多小函数一样，将应用分解成许多小模块使程序更容易推理，并即使程序日渐复杂，依然可以维护。

　　本单元首先讨论如何创建自己的模块，然后将探讨导入导出模块的不同方式。最后，将创建猜单词游戏，观察使用模块可以使代码的整洁程度如何。

第20课

创建模块

阅读第 20 课后，我们将：

- 理解什么是模块；
- 理解 JavaScript 在模块中的行为；
- 创建模块，导出值。

之前学习了如何创建和使用 ES2015 模块，现在来定义 JavaScript 中的模块。从根本上讲，模块是一个 JavaScript 文件，它有自己的作用域和规则，可以通过导入导出值供其他模块使用。模块不是对象：它没有数据类型，并且不能存储在变量中。简单来说，模块就是分解、封装和组织代码的工具。

模块是将逻辑分解成若干内聚单元，并在多个文件之间共享逻辑，而无须使用烦琐的全局变量的一种非常有效的方式。这允许开发人员导入所需要的部分，无须太费脑，使代码维护更加方便。

> **思考题**：想象一下，在编写大型应用时，是将所有代码写到单个文件中，还是将代码分成若干较小的文件？如何让应用中的不同组件互相通信，并在文件之间共享资源？

20.1 模块规则

在模块内部，JavaScript 的规则略有不同。代码总是在严格模式下执行，因此无须添加"use strict";字样。假设某一天，浏览器来个大反转，在严格模式下运行所有内容，那么许多遗留的应用将会崩溃，而"use strict"字符串允许脚本(script)选择进入严格模式，因此这种方式越来越普及。选择进入严格模式是保留向后兼容性，防止网络受到破坏的一种方式。虽然模块是完全不同的上下文，没有必要让它们保持向后兼容，但是由于如上的假设，人们决定让模块始终处在严格模式。

另一个不同点是，在根的上下文中，this 引用的内容不同。在普通的 JavaScript 中，this 默认为根级别的全局对象(在浏览器中的 window)。而在 ES2015 模块中，则为 undefined：

```
var obj = {
  foo() {
    return this
  }
}
function bar() {
  return this
}
obj.foo()          ◄─── obj
bar()
console.log(this)       undefined
```

在模块内外都一样，从 obj.foo()返回的值是 obj。但是在模块外部，在没有上下文的情况下调用 bar()，返回 window 或全局变量。在模块内部，在没有上下文的情况下调用 bar()，将返回 undefined。此外，在模块内部，在根级别上，this 的任何引用都为 undefined，而不是 window，这与在模块外部是一样的。

通常，在 JavaScript 中，在根作用域定义的任何变量都将自动设置为全局变量。过去，许多 JavaScript 开发人员在 IIFE(立即调用函数表达式)内定义变量，以防止变量成为全局变量。在本书的单元 1 也学习了，在 ES2015 中，可以使用简单的块{}添加作用域，防止变量成为全局变量。但是在模块中，由于模块被有意设计为只将显式导出的内容暴露给外部世界，定义的变量永远不会成为全局变量。

可以假想整个模块运行在块{}或 IIFE 内部。在模块内部，依然可以将值附加到全局对象：

```
window.someName ="my value"
```

虽然在大多数情况下，在模块中设置全局变量不是好做法。

现在，你应该理解了代码如何在模块中工作。20.2 节中将编写一些在模块中工作的代码。

> **快速测试 20.1**　在模块内部，如果使用以下代码调用 obj.foo，结果会是什么？
>
> ```
> obj.foo.call(this)
> ```

快速测试 20.1 答案
由于在根级别将上下文设置为 this，因此为 undefined。在模块中，this 在根级别为 undefined。

20.2　如何创建模块

假设在编写应用时，需要可重用的函数，将统计数据记录到数据库中。我们希望这个函数可以在任何地方使用，因此可以将其设置为全局函数，如下所示：

```
window.logStats = function(stat) {
    //将统计数据记录到数据库
}
```

使用全局变量并非好做法，但是使用 JavaScript，多年来我们都没有选择。现在有了模块，可以将这个函数写在模块中，在整个应用中共享这个函数，而无须让其成为全局函数：

```
export default function logStats(stat) {
    //记录统计数据到数据库
}
```

在函数前写上关键字 export，意思是这个模块导出 logStats 函数。也可以指定这是默认(default)导出，后面将更详细地介绍这一内容。

现在，假设 logStats 函数需要辅助函数。logStats 函数需要访问辅助函数，但是开发人员不希望将其暴露给其他函数。另外，如果没有模块，开发人员必须将所有内容包装在私有上下文中，防止泄漏全局值：

```
{
  function statsHelper() {
    //做一些统计数据处理
  }

  window.logStats = function(stat) {
    //使用 statsHelper，将统计数据记录到数据库
  }
}
```

但是在模块内，所有内容都在自己的作用域内，因此已经防止了值的泄漏(除非显式导出或设置为全局变量)：

```
function statsHelper() {
    //做一些统计数据处理
}

export default function logStats(stat) {
    //使用 statsHelper，将统计数据记录到数据库
}
```

在创建模块时，通常要专注于特定的任务。要创建自包含代码的可重用部分，可以将其放在模块内(单独的文件)，只暴露所需要的内容，保持模块内的大部分详细信息为私有。通常，模块只导出单个值。在这种情况下，完全可以导出单个值作为默认值：

```
export default function currency(num) {
    // ……返回格式化的货币字符串
}
```

函数表达式完全正常，只是前面加上了语句 export default。语法为 export default <expression>。从表达式得到的值就是要导出的内容。因此如果要导出数字 5，可以采用如下方式：

```
export default 5
```

如果将模块想象成函数，default export 则类似于函数的 return 值。函数可以只返回单个值，模块也可以只有一个 default export(默认导出)。但是模块不限于单个默认导出，它可以导出多个值，但是只能有一个是默认(default)导出。所有其他的导出必须是命名(named)导出。回到 currency 函数，如果要通过名称将其导出，那么所需要做的就是删除 default 关键字：

```
export function currency(num) {
    // ……返回格式化的货币字符串
}
```

由于删除了 default 关键字，因此函数通过名称导出。但是注意，开发人员无须指定名称，程序将自动获得名称 currency，将其导出。

语法为 export <declaration>。看出有什么区别吗？使用默认导出(default export)，导出的是可求得一个值(即导出值)的表达式。使用命名导出，导出的是声明。函数声明、变量声明，甚至是类声明通常都有名称，根据这个名称导出值。使用这个语法，可以导出想要的多个声明。

命名导出的另一种语法如下所示：

```
function currency(num) {
    // ……返回格式化的货币字符串
}

export { currency }
```

虽然语法不同，但是做的事情相同。语法为 export { binding1, binding2, … }。可以指定一个名称，或使用逗号隔开的名称列表，想指定多少个名称都可以。使用这种方式导出值，必须使用指向某个值(绑定)的名称，不能使用这种方式导出原始值：

```
export { currency }        ←—— 正确
export { 'currency' }
                           语法错误
export { 5 }
```

这种语法的好处在于，允许指定替代名称导出。比如，在模块内部，将某个值称为 formattedCurrentUsername，但是开发人员希望简单地使用 username 将其导出。可以通过如下方式实现：

```
export { formattedCurrentUsername as currency }
```

进行这种操作的语法为 export { originalName as exportedName }。

导出多个值的情况下，在声明它们时，可以为每个值使用单独的导出语句；也可以使用一个导出语句，列出要导出的所有名称：

```
export function currency(num) {
    // ……返回格式化的货币字符串
}

export function number(num) {
    // ……返回用逗号分隔的格式化数
}
```

这相当于

```
function currency(num) {
    // ……返回格式化的货币字符串
```

```
}

function number(num) {
    // ……返回用逗号分隔的格式化数
}

export { currency, number }
```

无论使用哪种方法，都是个人喜好，但是大多数开发人员似乎更喜欢第一种方法。

与函数一样，同样的机制也可用于变量的声明：

```
export let one = 1        ◀──── 以名称 one 导出
export const two = 2      ◀──── 以名称 two 导出
export 3     ◀──── 无效。无法推断名称
```

导出语句必须处在最高级别(层)，这意味着不能有条件地导出值。所谓最高级别，指的是在文件中大部分函数体的根位置，不能在块、if 语句、函数等的内部：

```
export const number = num => /* format number */  ◀──── 最高级别，有效

if (currencyNeeded) {
    export const currency = num => /* format currency */
}
                                                    非最高级别，无效
function exportMore() {
    export const date = dateObj => /* format date */
}
```

这是由设计决定的：模块意味着静态可分析，因此必须始终以同样的方式无条件地导出和导入。如果允许在函数或 if 语句内导出值，那么意味着有些时候值可以导出，有些时候则不行。将模块设计成总是可以执行导出，因此它们必须处在根级别。

创建导出多个值的模块时，你可能会问，是否其中一个值应该是默认的，其他是命名的，或所有的值都应该是命名的？这个问题没有一刀切的答案。这取决于如何设计模块。我想说，作为经验法则，如果要导出的所有内容同等重要，那么使用全部命名导出，并且无默认导出。但如果有某个内容非常突出，为主要导出，其他值为加强型或围绕着主要导出转，那么这个内容应该为默认导出，其他内容为命名导出。如果发现自己所处的状况是需要几个命名导出，同时也需要两个或多个默认导出，那么这个模块可能要做的事情太多，应该分解成更小的模块。2.3 节将讨论如何将大模块分解成小模块。

> **快速测试 20.2**　在以下代码段中有两个函数。修改代码，使 ajax 函数为默认导出，setAjaxDefaults 为命名导出。
>
> ```
> function ajax(url) {
>    // 执行 ajax
> }
>
>
> function setAjaxDefaults(options) {
>    // 存储选项
> }
> ```

快速测试 20.2 答案

```
export default function ajax(url) {
   //执行 ajax
}

export function setAjaxDefaults(options) {
   //存储选项
}
```

20.3　JavaScript 文件何时成为模块

如果一个模块就是一个文件，那么是什么决定了给定 JavaScript 文件是否是模块？负责针对网页 JavaScript 环境与规范的 WHATWG(Web Hypertext Application Technology Working Group，网络超文本应用技术工作组)提出了新的脚本类型模块。基本上，使用 script 标记时，不使用 type="javascript"，而是应该指定 type="module"，这样浏览器使用的 JavaScript 加载器就知道将该文件作为模块执行：

```
<script type="module" src="./example.js">
```

由于在 Node.js 中，不使用 script 标记或 HTML，因此这在 Node.js 中行不通。推断一个文件是否为模块的另一种提案是确定它是否导出值。在某个文件不导出值的情况下，为了指定这个文件为模块，需要使用命名导出(实际未导出任何内容)：

```
export {}              ← 空导出表示这个文件是模块

//模块的其余部分
```

不要将这种导出与导出对象相混淆。这是命名导出的语法，通常在括号内列出按名称导出的内容。如果没有任何名称，就没有导出任何内容，然而，有了这个提案，会指明这个文件为模块。如果这个提案失败了，Node.js 小组计划使用替代的文件扩展名.mjs 来指定某个文件为模块。

深度阅读

https://blog.whatwg.org/js-modules

https://github.com/bmeck/UnambiguousJavaScriptGrammar

本课小结

本课学习了如何创建模块。

- 导出声明创建命名导出。
- 命名导出也可以在括号中列出。
- 在括号中列出的命名导出也可以使用替代名导出。
- 可以有多个命名导出,但却只有一个默认导出。
- 导出语句必须在根级别(顶部)声明。
- 在根级别,关键字 this 为 undefined。
- 模块默认使用严格模式。

下面看看读者是否理解了这些内容:

Q20.1   创建名为 luck_numbery.js 的模块。给出名为 luckyNumber 的内部变量(不导出)。默认导出名为 guessLuckyNumber 的函数,这个函数接受名为 guess 的参数,检查 guess 是否与 luckyNumber 相同,如果相同,则返回 true,表示这是正确的猜测,否则返回 false。

第*21*课

使 用 模 块

阅读第 21 课后，我们将：
- 了解如何指定要使用的模块的位置；
- 了解从模块中导入值的所有不同方式；
- 了解如何为了副作用(side effects)导入模块；
- 了解导入模块时代码执行的顺序；
- 能够将大模块拆分为较小的模块。

模块是一种很好的方式，将逻辑划分为独立的内聚单元，在所有文件间共享逻辑，而不需要使用烦琐的全局变量。模块允许只导入所需要的部分，无须费脑(保持较低的认知负荷)，使维护比较容易。在第 20 课中学习了模块的概念，以及创建模块和导出值的基础知识。本课将介绍如何使用其他模块，导入值的不同方式，以及如何使用模块分解和组织代码。

> **思考题**：想象一下，在编写 Web 应用时，需要使用一些第三方的开源库。问题在于，其中两个库使用相同的全局变量暴露自己。如何让这两个库一起工作？

21.1　指定模块的位置

使用 import 语句从其他模块中导入代码，由两个关键部分组成——内容和位置。在使用 import(导入)语句时，必须指定导入的内容(变量/值)以及从哪里导入(模块文件)。这与使用若干<script>标记包含多个文件、使用全局变量在所有文件中共享或交流值恰恰相反。基本的语法为：import X from Y，其中 X 指定导入的内容，Y 指定模块的位置。简单的导入语句如下所示：

```
import myFormatFunction from './my_format.js'
```

然后，在指定从何处或从哪个模块导入时，必须使用字符串字面量值。以下代码是无效的：

```
const myModule = './my_format.js'
import myFormatFunction from myModule
```

> 无效，因为 myModule 是变量，不是字符串字面量

不能使用变量定义模块来自(from)何处，即使该变量指向字符串。由于在JavaScript 中，所有的导入和导出都设计为静态可分析的，因此必须使用字符串字面量。在当前文件中的任何代码执行之前，先执行所有的导入。JavaScript 可以扫描文件，找出所有导入，然后先执行这些文件，再用导入的正确值运行当前文件。这意味着，由于变量尚未定义，因此不能基于变量导入模块。

除了不使用字符串来确定模块的位置，JavaScript 没有提出任何其他的规则。对于每个 JavaScript 环境(主要是浏览器和 Node.js)都有 loader(加载器)程序，这些加载器定义了字符串实际的样子。要找出用于 web 和 Node.js 的加载器。现在，使用 ES6 模块的大多数人使用 Browserify 或 Webpack 等工具这样做。这两个工具以./file or ./file.js 的方式(相对于当前文件)处理文件路径：

```
import myVal from './src/file'
import myVal from './src/file.js'
```

> 二者是等效的，指定了文件的相对路径

文件扩展名是可选的，大多数人省略了扩展名。没有文件扩展名，路径也可以是包含了 index.js 的目录。

```
import myVal from './src/file'
```

> 同时匹配 ./src/file.js 和 ./src/file/index.js

```
import myVal from './src/file.js'
```
只匹配./src/file.js

指定了名称，却没有路径，如 jquery，这表明在 node_modules 目录中寻找这个已安装的模块。

现在知道了如何指定模块的位置，下面介绍如何指定从模块中导入的内容。

> **快速测试 21.1**　假定的加载器最有可能在何处寻找以下要导入的模块文件：
>
> ```
> import A from './jquery'
> import B from 'lodash'
> import C from './my/file'
> import D from 'my/file'
> ```

快速测试 21.1 答案

1. 从相对当前文件的路径./jquery.js 或./jquery/index.js 的文件中。

2. 从 node_modules/lodash/package.json 指定的 main 字段中。

3. 从相对当前文件的路径./my/file.js 或./my/file/index.js 的文件中。

4. 从 node_modules/my/package.json 中相对 main 字段指定的路径./file.js 或./file/index.js 中。

21.2　从模块中导入值

第 20 课创建了格式化货币字符串的模块。使用函数的一个 default 导出来做到这一点，如下所示：

```
export default function currency(num) {
    // ……返回格式化的货币字符串
}
```

假设将这个模块放在位置./utils/format/currency.js，想要导入 currency 函数，在所创建的购物车系统中格式化一些货币。使用以下 import 语句可以做到这一点：

```
import formatCurrency from './utils/format/currency'

function price(num) {
    return formatCurrency(num)
}
```
导入默认值

注意，函数名为 currency，如何使用名称 formatCurrency 导入。指出 import
<name>时确定使用什么名称，与使用 var<name>,const<name>或 let<name>时一样，
只不过这不是使用等号来赋值，而是从另一种文件——模块——来导入值。从模
块中导入默认值时，可以使用想用的任何名称，正如以下的简单示例所示：

```
import makeNumberFormattedLikeMoney from './utils/format/currency'

function price(num) {
    return makeNumberFormattedLikeMoney(num)
}
```

如果所导入的./utils/format/currency 模块没有改变，那么前面两个示例的表现
将完全一样。记住第 20 课的类比：如果将模块视为函数，那么 default export(默
认导出)就相当于函数的返回(return)值。如果继续使用这个类比，导入默认值犹如
将函数的返回(return)值赋给变量：

```
function getValue() {
    const value = Math.random()
    return value
}

const value = getValue()
const whatchamacallit = getValue()
```

注意 getValue 函数如何返回名为 value 的变量。由于函数值返回单个值，这
里只需要捕获值，并决定用来储存值的名称，因此将这个值赋给匹配的命名变量
或名称完全不同的变量(如 whatchanacallit)，都没有什么关系。这与从模块中导入
默认值是一样的。模块仅能导出单个默认值，并仅仅导出这个值，因此在导入这
个值时，可以指定任何名称来储存该值。

现在，正如从第 20 课中学到的，除了单个默认导出(default export)外，模块
也可以有一个或多个命名导出。从字面上就可以明白，这时使用何种名称是有关
系的。第 20 课所学的一个命名导出(named export)的语法如下所示：

```
function currency(num) {
    // ……返回格式化的货币字符串
}

function number(num) {
    // ……返回使用逗号分隔的格式化的数字
}

export { currency, number }
```

方便的是，导入这些内容的语法类似：

```
import { currency, number } from './utils/format'

function details(product) {
  return `
    price: ${currency(product.price)}
    ${number(product.quantityAvailable)} in stock ready to ship.
  `
}
```

此处，名称 currency 和 number 必须匹配所导出的名称，但可以指定不同的名称分配给它们：

```
import { number as formatter } from './utils/format'
```
指定导入 number，但是分配给它
的名称是 formatter

如果从多个模块导入使用同样名称导出的命名值，这种方法就非常方便了。比如，要从 functional_tools 模块导入名为 fold 的函数，也要从 origami 模块导入名为 fold 的函数。可以将所导入的函数映射到不同的名称，避免命名冲突：

```
import { fold } from './origami'
import { fold as reduce } from './functional_tools'
```
使用名称 reduce 导入 fold，避免与
其他导入的值冲突

如果想要导入模块中的所有命名导出，可以使用星号，如下所示：

```
import * as format from './utils/format'

format.currency(1)
format.number(3000)
```
创建了名为 format 的新对象，将
模块中的值都分配给它

这将创建新对象，对象的属性与模块中所有命名导出相关。如果需要导入模块中的所有导出值，进行检查或测试，这很方便，但是通常只导入将要使用的内容。即使此时恰巧需要使用模块导出的所有内容，随着模块的增长，也不一定一直需要使用来自模块的所有内容。

想象一下，format 模块仅仅导出格式化函数 currency 和 date，产品模块需要这两个函数，因此使用星号将它们全部导入。但晚些时候，随着应用的构建，继续向格式模块添加新的格式函数，此时，在产品模块中不需要这些新函数，但是由于使用星号导入，程序依然得到了所有函数，而不仅仅是所使用的函数。有些情况可能要求导入所有内容，但是作为一般规则，应该根据名称指定每个值，显式表明导入的内容。

使用星号导入所有值时，不包括默认导出，仅仅是命名导出。使用逗号将模块的默认导出和命名导出分开，这两种导入可以组合起来：

```
import App, * as parts from './app'
import autoFormat, { number as numberFormat } from './utils/format'
```

默认值命名为 **App**。所有命名导出被设置
为了新创建对象 **parts** 的属性

默认值命名为 **autoFormat**，名称 number 导
出的值命名为 **numberFormat**

从模块中导入值，不创建绑定，这与声明变量不一样。21.3 节将讨论它的工作机制。

> **快速测试 21.2**　在以下 import 语句中，哪个是默认导入，哪个是命名导入？
>
> ```
> import lodash, { toPairs } from './vendor/lodash'
> ```

快速测试 21.2 答案
lodashis 是默认导入，toPairs 是命名导入。

21.3　如何绑定导入值

默认导入和命名导入创建了只读值，这意味着一旦导入这些值，就不能给它们重新赋值：

```
import ajax from './ajax'

ajax = 1          ◀──── 错误：ajax 是只读的
```

但命名导入与默认导入不同，它直接与所导出的变量绑定。这意味着，如果导出文件(模块)中的变量改变了，导入文件中的值也改变了。

想象一下，导出名为 title 的变量(具有初始值)的模块，同时也导出了名为 setTitle 的函数(允许改变 title)，如下所示：

```
export let title = 'Java'
export function setTitle(newTitle) {
  title = newTitle
}
```

如果要导入这二者，不能通过赋值直接改变 title 的值，而是要间接地调用 setTitle 改变 title 的值：

```
import { title, setTitle } from './title_master'

console.log(title)   ◀──── "Java"
```

```
setTitle('Script')
console.log(title)  ◄──── "Script"
```

这与 JavaScript 中检索值的方式非常不同。通常，在 JavaScript 中检索值时，无论是函数调用、解构，还是其他表达式，都是将它们赋值给变量，检索值，创建指向该值的绑定。但从模块导入值时，导入的不仅仅是值，也有绑定。这就是为什么模块可以在内部改变值，而所导入的变量可以反映出这种改变。

一旦值改变了，就不仅在当前的文件以及导出值的文件中发生了改变，在导入该值的所有文件中，它都发生了改变。最重要的是，值改变了却没有通知。没有事件广播这种改变。值悄悄地改变，因此在改变导出的值时，一定小心。

21.4 节将学习导入模块而不导入任何值的方式和原因。

快速测试 21.3　　以下代码段中有 5 个绑定，在所示的上下文中，哪些可以被重新赋值？

```
import a, { b } from './some/module'
const c = 1
var d = 1
let e = 1
```

快速测试 21.3 答案
只有 d 和 e。

21.4　导入副作用

有时候，仅仅是为了副作用导入模块，也就是说，需要执行模块中的代码，但是不需要一个引用去使用模块中的任何值。这样的一个示例就是包含了配置谷歌分析(Google Analytics)代码的模块。不需要来自该模块的任何值，只需要执行模块的代码，让代码自行配置。

为了副作用可以导入模块，如下所示：

```
import './google_analytics'
```

这与其他导入一样，忽略所有默认的或命名的值，也忽略关键字 from。为了副作用导入文件时，所导入模块的所有代码将会在导入此代码文件中的任何代码之前执行，无论在何处发生导入：

```
setup()

import './my_script'
```

前面的示例中，模块 my_script 中的所有代码在 setup()函数执行前执行，即使这些代码是在后面导入的。

21.5 节将介绍如何将较小的模块组织和组合成较大的模块。

> **快速测试 21.4** 假设模块 log_b 包含语句 console.log('B')。在运行了下列代码后，输出的顺序是什么？
>
> ```
> console.log('A')
> import './log_b'
> console.log('C')
> ```

快速测试 21.4 答案
B，A，C

21.5 对模块进行分解和组织

有时模块增长的过于庞大，将其分解成较小的模块是很有必要的。但如果此时已经有大量代码库在各个地方使用这个模块，该怎么办？如果想把这个模块重构成较小、较集中的模块，但是又不想因此重构整个应用，又该如何？本节探讨如何将正在使用的模块分解成较小的块，而不会对其余的应用造成任何影响。

假设有一个格式模块，从仅有的几个格式函数开始，但是随着应用持续增长，会因不同需求而需要不同的新格式器(formatter)。有些格式化器共享了逻辑，但有些格式化器需要自己的辅助函数。将全部格式化器放在单个模块中会使得事情变得太复杂。为了简便起见，假设有 4 个格式化器，如代码清单 21.1 所示。在真实的应用中，格式化器可能会更多。

代码清单 21.1   src/format.js

```
function formatTime(date) {
    // 将日期对象格式化为时间字符串
}

function formateDate(date) {
    //将日期对象格式化为日期字符串
}

function formatNumber(num) {
    //将数字格式化为数字字符串
}
```

```
function formatCurrency(num) {
    //将数字格式化为货币字符串
}
```

现在，假设许多模块都在使用这些格式化器，如以下的产品模块(见代码清单 21.2～21.4)。

代码清单 21.2　src/product.js

```
import { formatCurrency, formatDate } from './format'
```

这个产品模块只是众多正在使用格式化器的模块中的一个。开发人员希望有一种方式能够重构格式模块，而不用分解该模块或其他模块。

将该模块分解成两个独立的模块，一个用于数字，一个用于日期，然后将它们组合放在格式文件夹中。

这是一个日期格式模块。

代码清单 21.3　src/format/date.js

```
function formatTime(date) {
    //将日期对象格式化为时间字符串
}

function formateDate(date) {
    //将日期对象格式化为日期字符串
}
```

这是数字格式模块。

代码清单 21.4　src/format/number.js

```
function formatNumber(num) {
    //将数字格式化为数字字符串
}

function formatCurrency(num) {
    //将数字格式化为货币字符串
}
```

现在，可以很好地将大的格式模块分解成较小、较集中的模块。但要使用这些模块，还必须重构所有导入值的其他模块，如产品模块。如果要防止这一点，就要在格式模块内，创建另一个索引模块，从更多集中的模块中导入值，然后导出值，如代码清单 21.5 所示。

代码清单 21.5　src/format/index.js

```
import { formatDate, formatTime } from './date'
import { formateNumber, formatCurrency } from './number'

export { formatDate, formatTime, formatNumber, formatCurrency }
```

现在，另一个模块试图从./src/format 中导入时，如果找不到./src/format.js，实际上会从./src/format/index.js 导入，这真是太棒了。这意味着，不再需要重构任何其他模块了。在这种情况下，如果指定了文件扩展名，这种重构将会非常痛苦。因此，这为在导入中指定模块路径时省略文件扩展名，提供了有力的论据支持。

这种类型的组织十分普遍，因此实际上有一种语法可以直接进行这种操作。src/format/index.js 模块可以写成代码清单 21.6 所示的形式。

代码清单 21.6　src/format/index.js

```
export { formatDate, formatTime } from './date'
export { formateNumber, formatCurrency } from './number'
```

如果导入的值仅仅用于中转，然后导出，就可以跳过这个步骤，直接从模块中导出！假定格式模块总是从所有相对集中的格式化器中导出所有值？那么现在，无须列出所有名称，然后回过头来为未来要添加的新格式化器添加名称，而是可以直接导出这些新格式化器，如代码清单 21.7 所示。

代码清单 21.7　src/format/index.js

```
export * from './date'
export * from './number'
```

太棒了！有了这个简单的门面类型的模块，就可以成功地、非常优雅地将大模块分解成较小、较集中的模块，而且使用的是一种无缝、对其余的应用透明的方式。

> 快速测试 21.5　假设开发人员在./src/format/word 中要添加另一个模块，更新 index 文件，导出所有单词格式器。

快速测试 21.5 答案

```
export * from './date'
export * from './number'
export * from './word'
```

本课小结

本课学习了如何使用和组织模块。

- 可以使用任何名称设置默认导入。
- 在括号中列出命名导入，与导出它们的方式类似。
- 命名导入必须指定正确的名称。
- 在指定了正确的名称后，命名导入可以通过 as 使用替代名称。
- 使用星号*导入所有命名值。
- 命名导入与导出变量直接绑定(不只是引用)。
- 默认导入并不直接绑定，但依然是只读的。
- 值可以从其他模块直接导出。

下面看看读者是否理解了这些内容：

Q21.1　编写模块，导入第 20 课中的 luck_numbery.js，尝试猜测幸运数字，记录在猜到正确的数字之前，尝试进行了几次猜测。

第 22 课

顶点项目：猜单词游戏

本顶点项目要构建猜单词游戏。游戏将会集成状态信息、单词字母槽和按钮来猜单词(如图 22.1 所示)。

图 22.1　猜单词游戏

使用本书所附代码中的开始(start)文件夹启动项目。如果在任何时候遇到了问题，可以检查包含了最终游戏结果的最终(final)文件夹。开始文件夹是使用了 Babel 和 Browserify(见第 1~3 课)构建的项目，只需要运行 run install 进行配置。如果还未阅读第 1~3 课，请先阅读。开始文件夹中还包括 index.html 文件，这是游戏运行的位置。其中已经包括了所有所需要的 HTML 和 CSS 文件。一旦绑定了

JavaScript 文件，就只需要在浏览器中打开它。src 文件夹是放置 JavaScript 文件的地方，dest 文件夹是在运行了 npm run build 之后，放置绑定的 JavaScript 文件的地方。

22.1　规划

要将游戏分解成几个模块，因此从确定要将游戏分解成什么模块开始是非常合理的。在开始游戏之前，需要某个随机单词，因此应创建生成随机单词的模块。第二，需要追踪游戏的状态——无论游戏是输是赢，因此也需要状态模块。需要 3 个 UI 呈现给玩家，第一个是游戏状态的显示，称为 status-display。还需要显示字母槽，供玩家猜测单词，称为 letter-slots。第三个 UI 元素是需要对应每个字母的按钮，使玩家可以进行猜测，称为 keyboard。最终，需要胶水语句将所有模块组合起来，创建真正的游戏。不需要太多胶水语句，在 index 中就可以组合。

22.2　单词模块

先从仅返回单词数组的简单函数开始。见代码清单 22.1。

代码清单 22.1　src/words.js

```
function getWords(cb) {
  cb(['bacon', 'teacher', 'automobile'])
}
```

函数接受回调作为参数

调用带有单词数组的回调

不返回单词数组，而是使用回调，传递回单词数组。在当前情况下，这可能没有什么意义，但是此后，这将允许重写 getWords 函数，以使用 AJAX 请求，从 API 或一些外部源获取单词。

现在，有了单词，就需要返回随机单词的函数，如代码清单 22.2 所示。

代码清单 22.2　src/words.js

```
export default function getRandomWord(cb) {
  getWords(words => {
    const randomWord = words[Math.floor(Math.random() * words.length)]
    cb(randomWord.toUpperCase())
  })
}
```

将 cb 传递给 getWords

调用回调，为 getRandomWord 提供随机单词

从单词数组中获得随机单词

这就是单词模块。由于接下来的游戏中不需要单词数组，一次只需要一个随机单词，因此只需要从模块中导出 getRandomWord 函数。同时，由于只导出单个函数，因此可以将其设置为默认导出。接下来，构建状态模块。

22.3　状态模块

在游戏中，需要使用 4 种状态：还剩下的猜测次数、玩家是否获胜、玩家是否失败、游戏是否依然在进行中(当依然还剩下猜测次数并且玩家未获胜也未失败)。为了确定这些状态，需要随机单词和玩家的猜测，因此需要为每种状态导出接受当前单词和猜测次数为参数的函数，如代码清单 22.3 所示。

代码清单 22.3　src/status.js

由于其他部分不需要它，因此不需要导出

找到所有已猜过却不在单词中的字母

```
const MAX_INCORRECT_GUESSES = 5

export function guessesRemaining(word, guesses) {
  const incorrectGuesses = guesses.filter(char => !word.includes(char))
  return MAX_INCORRECT_GUESSES - incorrectGuesses.length
}

export function isGameWon(word, guesses) {
  return !word.split('').find(letter => !guesses.includes(letter))
}

export function isGameOver(word, guesses) {
  return !guessesRemaining(word, guesses) && !isGameWon(word, guesses)
}

export function isStillPlaying(word, guesses) {
  return guessesRemaining(word, guesses) &&
      !isGameOver(word, guesses) &&
      !isGameWon(word, guesses)
}
```

确定在单词中的所有字母是否都已被猜到

如果玩家还没有获胜而猜测次数已经没有了，那么游戏结束

只要还剩下猜测次数并且输赢未定，那么游戏继续

注意，由于其他模块未使用 MAX_INCORRECT_GUESSES 常量，因此程序未导出它。只应该导出其他模块所需的部分，不要导出更多内容，从而让 API 界面尽可能小巧，以便更方便将来修改和调试。其他模块要使用其他 4 个函数来运行游戏，因此导出它们。但是，这不意味着总是要导出每个函数。如果它们其中一个函数使用辅助函数来确定其值，由于其他地方不需要使用这个辅助函数，因此也不需要导出该辅助函数。

你也许会问，为什么将 word 和 guesses 作为函数参数传递？为什么不直接导入它们？可以这样做，也行得通。但这样做会将所有单独模块紧密耦合到主要的游戏逻辑(存储 word 和 guesses 的地方)中，使代码难以分离和测试。在这个小游戏中，虽然不需要进行任何测试，但是这依然是一个很好的做法。

接下来，将集中介绍 3 个 UI 元素：状态显示(status display)、字母槽(letter slots)和键盘(keyboard)。

22.4　游戏界面模块

正如之前所说的，有 3 部分的 UI：显示还剩下的猜测次数、游戏结束还是获胜的状态显示(status display)、字母槽(letter slots)和键盘(keyboard)。可以制作能导出各部分的单个 UI 模块。这没错，但是我倾向于将每个 UI 元素放入到自己的模块中。它们不共享任何逻辑，也没有任何其他部分暗示它们是一体的而不是 UI 的某个部分，我觉得这样更合理。我倾向使用几个简单的模块，而不是单个复杂的模块，如果此后还决定加入更多的 UI 元素，建议每个 UI 元素都有自己的模块。

每个 UI 模块将导出返回 HTML(作为字符串)、表示游戏界面某部分的单一函数。所有的 UI 模块都需要玩家的 guesses，状态显示(status display)和字母槽(letter slots)也需要当前的随机单词。因此，与状态模块类似，这些模块也接受它们作为参数。

好了，现在有了每个 UI 模块都要遵循的一个简单 API。这个模块将导出单个函数(可以将其作为默认导出)，该函数将接受所需要的数据，返回 HTML 字符串。从状态显示模块开始，如代码清单 22.4 所示。

代码清单 22.4　/src/status_display.js

```
import * as status from './status'          将所有值导入单个状态对象
function getMessage(word, guesses) {
  if (status.isGameWon(word, guesses)) {     调用从生成的状态
    return 'YOU WIN!'                        对象中导入的函数
  } else if (status.isGameOver(word, guesses)) {
    return 'GAME OVER'
  } else {
    return `Guesses Remaining: ${status.guessesRemaining(word, guesses)}`
  }
}

export default function statusDisplay(word, guesses) {
  return `<div>${getMessage(word, guesses)}</div>`
}
```

状态显示最需要状态函数，因此它不一个个地导入这些函数，而是从状态模块中导入所有函数，将它们组合到一起生成 status 对象。然后，可以直接从所创建的 status 对象调用任何函数。

除此之外，模块非常简单。它仅仅生成确定游戏状态的消息。接下来，构建字母槽模块，如代码清单 22.5 所示。

代码清单 22.5　/src/letter_slots.js

```
function letterSlot(letter, guesses) {
  if (guesses.includes(letter)) {
    return `<span>${letter}</span>`
  } else {
    return '<span> </span>'
  }
}

export default function letterSlots(word, guesses) {
  const slots = word.split('').map(letter => letterSlot(letter, guesses))

  return `<div>${ slots.join('') }</div>`
}
```

这个模块也相当简单：生成对应于单词中每个字母的 span。取决于玩家是否猜到了字母，span 要么为空，要么显示了字母。另外，根据规划导出一个默认函数。现在，创建最后一个 UI 模块——键盘(keyboard)模块，如代码清单 22.6 所示。

代码清单 22.6　/src/keyboard.js

获得包含了字母表中所有字母的数组的快速方式

前 13 个字母在第一行，后 13 个字母在最后一行

```
const alphabet = 'ABCDEFGHIJKLMNOPQRSTUVWXYZ'.split('')

const firstRow = alphabet.slice(0, 13)
const secondRow = alphabet.slice(13)

function key(letter, guesses) {
  if (guesses.includes(letter)) {
    return `<span>${letter}</span>`
  } else {
    return `<button data-char=${letter}>${letter}</button>`
  }
}

export default function keyboard(guesses) {
  return `
    <div>
```

如果字母猜对了，不要让玩家再猜一次，则使用 span 标签

如果未猜对字母，那么使用按钮(button)来允许玩家选中它

```
<div>${ firstRow.map(char => key(char, guesses)).join('') }</div>
<div>${ secondRow.map(char => key(char, guesses)).join('') }</div>
</div>
```

根据是否猜对字母，将每个字母
映射(map)为 button 或 span

```
}
```

这个模块也非常简单：它生成了字母表中所有字母的列表，将还未猜中的字母设置为 button，将已猜中的字母设置为 span。

这就是所需要的所有 UI。22.5 节会将所有这些 UI 放在一起，创建能够运行的游戏。

22.5　index

index(索引)是应用的入口点。在此处，要协调各个模块，创建能够运行的游戏。首先，集中导入所需要的所小内容，如代码清单 22.7 所示。

代码清单 22.7　/src/index.js

```
import getRandomWord from './words'
import { isStillPlaying } from './status'
import letterSlots from './letter_slots'
import keyboard from './keyboard'
import statusDisplay from './status_display'
```

从单词模块和所有 UI 模块中导入默认函数，但是只需要从状态模块中导入 isStillPlaying 函数来确定游戏是否还在与玩家互动。

在代码清单 22.8 中，只需要编写函数，渲染实际游戏。

代码清单 22.8　/src/index.js

```
function drawGame(word, guesses) {
  document.querySelector('#status-display').innerHTML =
  ➥statusDisplay(word, guesses)
  document.querySelector('#letter-slots').innerHTML =
  ➥letterSlots(word, guesses)
  document.querySelector('#keyboard').innerHTML = keyboard(guesses)
}
```

此处，调用了导入的每个 UI 函数，使用 innerHTML[1]将它们插入到网页中需要的位置。由于每个 UI 模块使用 word 和 guesses 处理界面，因此不需要任何其他的逻辑来处理界面。所需要的唯一其他内容是获得随机单词，监听按钮的单击，

1　参见 https://developer.mozilla.org/en-US/docs/Web/API/Element/innerHTML。

将每次猜测添加到 guesses 列表，如代码清单 22.9 所示。

代码清单 22.9　/src/index.js

首先，需要获得
随机单词

还需要一个地方
储存玩家的猜测
(guesses)

使用事件代理来监
听所有的单击事件

```
getRandomWord(word => {
    const guesses = []

    document.addEventListener('click', event => {
        if (isStillPlaying(word, guesses) && event.target.tagName === 'BUTTON') {
            guesses.push(event.target.dataset.char)
            drawGame(word, guesses)
        }
    })

    drawGame(word, guesses)
})
```

如果游戏仍然在
进行，玩家单击一
个按钮…

重新绘制游戏

将玩家猜测的字
母添加到数组中

绘制初始的游戏用户界戏

在获得一个随机单词后，开始使用事件代理监听按钮单击。[1]每当玩家做出猜测时，推倒并重新创建整个 UI。可以对这个过程进行优化，但对于这个小游戏，这样操作也可以，这使游戏更简单。事件代理允许添加单击事件监听器，无须每次重建 UI 时，都重新注册。

现在有了一个能够工作的游戏，可以在终端使用 npm run build 创建游戏，然后在浏览器中打开 index.html。

本课小结

本课创建了一个猜单词游戏。从编写单词(word)模块，生成游戏使用的随机单词开始，然后开始编写游戏的状态和界面组件，最终，将所有的部分都放置在 index 文件中。现在，仅仅使用了三个随机单词，因此不难猜。你可以自由地使用 API 或更长的单词列表更新游戏，也可以进一步开发该游戏，添加 Play Again 按钮，在游戏结束后，重新开始游戏。

1　参见 https://davidwalsh.name/event-delegate。

单元 5

迭 代 子

在 JavaScript 中，String 和 Array 总有一些共同的特性。它们都包含不确定数量的元素(stuff)——在字符串的情况下为字符，在数组的情况下为任何数据类型。它们都有长度(length)属性，表明所拥有元素的数量。但从来没有共同的协议来说明这些东西的工作机制。从 ES2015 起，添加了两个新协议来描述 JavaScript 的行为，即大家熟知的 iterable 和 iterator 协议。

现在，称字符串和数组为 iterable。这意味着，它们支持新的 iterable 协议，可以以预期的常见方式交互，包括与新的 for..of 语句和新的 spread 操作符一起使用。同时，也有两个新的 iterable：映射(Map)和集合(Set)。此外，还可以定义自己的迭代子，甚至可以自定义内置迭代子的行为。由于这些迭代子都遵循 iterable 协议，因此它们的行为是可预期的。

本单元从探讨 iterable 协议本身开始：其工作机

制，如何创建自己的迭代子，以及如何与 for..of 语句、spread 操作符一起使用迭代子。本单元也将学习内置的 iterable 类型，Set 和 Map。最后，在使用 Map、Set、for..of 和 spread 创建二十一点游戏中落幕。

第 23 课

迭代子概述

阅读第 23 课后，我们将：

- 理解什么是迭代子，如何使用它；
- 理解如何在迭代子上使用 spread 运算符来解散对象的项；
- 理解如何在 for..in 语句中使用迭代子，对对象的值进行循环；
- 理解如何创建自己的迭代子；
- 理解如何自定义内置迭代子的行为。

在 ES2015 中，JavaScript 推出了一对新协议：iterable 协议和 iterator 协议。这些协议一起描述了可迭代(iterated)对象的行为和机制，也就是说，对象可以生成一系列值，并可以循环取值。提到可以迭代的对象时，脑中可能会想起 Array，但是 String、arguments 对象、NodeList，以及将在第 24 课探讨的 Set 和 Map 也可以迭代。在理解了所有这些内置迭代子的基础上，将在本课中发现，可以创建自定义的迭代子。

> **思考题**：以下代码记录了数组的所有索引。但如果想要记录所有值，该怎么办呢？
>
> ```
> for (const i in array) {
>    console.log(i);
> }
> ```

23.1 迭代子的定义

在 ES2015 中，JavaScript 推出了新的 iterable 协议，迭代子就是遵循这个协议的所有对象。

常见的内置迭代子为 String、Array，以及 Set 和 Map。所有这些对象都遵循共同的协议，意味着它们的行为方式都很类似。你也可以使用这个协议创建自己的迭代子，或自定义默认迭代子的行为！

正如我所说的，并不是所有的迭代子都是新推出的。JavaScript 一直有字符串和数组。但设置字符串、数组和其他迭代器行为方式的约定是新推出的。字符串和数组都已更新，以使用这个新协议，其他对象(如 Set 和 Map)也使用这个协议的新对象。

通过新的 iterable 协议，我们得到了一些新方法与使用此协议的对象交互，具体来说，就是 for..of 语句和 spread 运算符。

23.2 for..of 语句

你有多少次写过以下代码？

```
for (var i = 0; i < myArray; i++) {
   var item = myArray[i]
   //使用项做些事情
}
```

有了 for..of 语句，可以使用如下代码实现相同的行为：

```
for (const item of myArray) {
   //使用项做些事情
}
```

JavaScript 很早就有了 for..in 语句，允许枚举对象的键(属性名称)，但是现在有了 for..of 语句，就可以迭代迭代子的值了，如代码清单 23.1 所示。

代码清单 23.1　对比 for..in 和 for..of

```
const obj = { series: "Get Programming", publisher: "Manning" };
const arr = [ "Get Programming", "Manning" ];

for (const name in obj) {
  console.log(name);   ←——— series, publisher
}

for (const name of arr) {
  console.log(name);   ←——— Get Programming, Manning
}
```

这与 Array.prototype.forEach 类似，但是它有一些好处。它可以与任何迭代子(不仅仅是数组)一起使用。它是命令式操作，因此比起高级的 forEach 方法，性能能够得到优化。此外，使用 break，可以更早地跳出循环。

使用 for..of 的最后一个好处是，即使非生成器函数在生成器内部，也不能从此非生成器函数 yield 值：

```
function* yieldAll(...values) {
  values.forEach(val => {
    yield val   ←———
  })                   语法错误：非预期的标识符
}
```

由于 yield 实际上是在由 forEach 回调的箭头(arrow)函数内部，因此会出错。yield 不能升到栈中最近的生成器函数。如果在非生成器函数内部使用，就会发生语法错误。但可以通过 for..of 绕过这个问题，例如：

```
function* yieldAll(...values) {
  for (const val of values) {
    yield val
  }
}
```

for..of 语句并未改变游戏规则，而是 JavaScript Next 工具带中的另一个工具。到目前为止，我们都在寻找处理现有迭代子的方式。在 23.3 节中将创建自己的迭代子。

快速测试 23.1　以下 for..of 循环会运行多少次？
```
for (const x of "ABC") {
  console.log('running')
}
```

快速测试 23.1 答案

3

23.3　spread

在 JavaScript 中，有一件事是所有的迭代子共享的，那就是它们能够被 spread 运算符使用。spread 运算符允许像分别传递所有的项一样传递单个迭代子。这是什么意思？假设运行一个在线的市场。对于任意物品，都有一系列供应商以不同的价格提供该物品。开发人员希望向用户显示可用的最低价格。开发人员可以轻松得到所有价格的数组，但是有了价格数组，如何找到最低价格呢？开发人员希望将这个价格数组传递给 Math.min，但是该函数要求分别(逐个)传入所有价格，而不是传入数组。在 spread 运算符出现之前，可能会使用如下代码：

```
const prices = //获得价格数组
const lowestPrice = Math.min.apply(null, prices);
```

然而，这可以通过使用 spread 运算符大大简化：

```
const prices = //获得价格数组
const lowestPrice = Math.min(...prices);
```

不是将价格数组作为单个参数传递给 Math.min，而是将数组中的值分别作为独立参数进行传递。不仅可以在数组上进行这样的操作，在任何迭代子，甚至在字符串上也可以。在字符串的情况下，是将单个字符作为参数来传递。

你也许可能已经注意到，spread 与 rest 的语法完全相同。由于 spread 与 rest 恰好相反，因此这是特意设计的。在编写函数时，如果开发人员期望得到一系列的值作为参数，可以使用 rest 将所有得到的值组成一个数组，如代码清单 23.2 所示。

代码清单 23.2　使用 rest 将所有的参数组成单个数组

```
function findDuplicates(...values) {
    //收集所有值组成数组
    //返回重复项数组
}

findDuplicates("a", "b", "a", "c", "c");  ←——  ["a","c"]
```

函数 findDuplicates 接受任何数目的参数，返回重复出现的一组字母。在内部，它使用 rest 将所有值组成单个数组。

另一方面，如果已经有了一个数组，那么由于只有一个数组，因此不能将其传递给 findDuplicates 函数，否则 findDuplicates 函数会去寻找数组中重复的部分。但可以将数组分解，将其元素作为单个参数进行传递，如代码清单 23.3 所示。

代码清单 23.3　使用 spread 分解参数

```
const letters = ["a", "b", "a", "c", "c"]
```

```
findDuplicates(...letters);  ←——  ["a","c"]
```

同样，不需要数组也可以使用 spread，任何迭代子都可以，如字符串(或 Map，Set，参见本单元接下来的部分)，如代码清单 23.4 和图 23.1 所示。

代码清单 23.4　使用 spread 分解参数

```
findDuplicates(..."abacc");  ←——  ["a","c"]
```

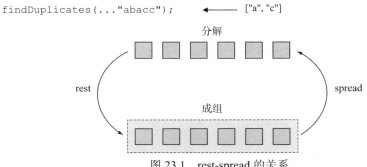

图 23.1　rest-spread 的关系

spread 也不限于函数参数。它也可以用于将迭代子展开(spread)成数组字面量：

```
const surname = "Isaacks"
const letters = [ ...surname ]
console.log(letters)  ←——  ["I","s","a","a","c","k","s"]
```

与 rest 不同，这不必是唯一的项，甚至不必是最后一项：

```
const easyAs = [ ...'123', 'ABC' ]
console.log(easyAs)  ←——  ["1","2","3","ABC"]
```

甚至可以将多个 spread 运算符结合在一起：

```
const vowels = ['A', 'E', 'I', 'O', 'U']
const consonants = 'BCDFGHJKLMNPQRSTVWXYZ'

const alphabet = [ ...vowels, ...consonants ].sort()

console.log(alphabet.length)  ←——  26
```

注意是如何展开(spread)数组和字符串的。不论哪种类型都无关紧要，只要是迭代子即可。结果就是包含所有 26 个字母的新数组。

将 spread 作为不可变的 push 使用

这种技术可以作为 Array.prototype.push 的不可变形式使用。有些时候，你希望将一些内容添加到数组中，但是不修改原先的数组，而是获得添加了新值的副本。在 Redux.js 等库中，这种技术非常常用，这里必须利用现有的状态和一些数据，派生出下一个状态而不改变现有的状态。如果现有状态是数组，你希望在数组中添加一项，使用 push 将会修改现有然后状态(当前数组)，会引发错误。但现在可以使用 spread，复制现有数组，然后加入新的一项，构成新数组：

```
function addItemToCart(item) {
   return [ ...cart, item ]
}
```

这将创建新数组，并且先前的数组不变。为了使用 push 达到这个目的，首先要创建数组的副本，然后将新的一项压入(push)副本，并返回副本：

```
function addItemToCart(item) {
   const newCart = cart.slice(0)
   newCart.push(item)
   return newCart
}
```

注意，使用 spread 的版本非常简洁。使用箭头函数，可以使此类操作更有表现力，则如：

```
const addItemToCart = item => [ ...cart, item ]
```

这里看起来好像只是描述函数在做些什么。事实上，这个描述是个实现。

也可以使用这种技术来生成数组的浅层副本(译者注：只将指针指向对象)。如果需要在数组上执行一些解构操作，但是又不想改变原有数组，那么这种技术就非常有用了：

```
function processItems(items) {
   copy = [ ...items ]
   //对副本进行解构，改变元素项
}
```

在单元 1 的顶点项目中，为了使创建标记模板函数容易一些，编写了辅助函数 createTag 和 interlace。使用这两个函数创建了名为 htmlSafe 的标记模板函数。代码清单 23.5 所示为原始代码。

代码清单 23.5　来自单元 1 顶点项目的原始函数

```
function createTag(func) {
   return function() {
      const strs = arguments[0];
      const vals = [].slice.call(arguments, 1);
      return func(strs, vals);
```

整个函数就是抽象出如何将除了第一个参数以外的所有参数组合在一起

```
    }
  }
function interlace(strs, vals) {          获得 vals 数组的副本
  vals = vals.slice(0);
  return strs.reduce(function(all, str) {          将字符串模板
    return all + String(vals.shift()) + str;          组合在一起
  });
}
const htmlSafe = createTag(function(strs, vals){          HTML 转义所有
  return interlace(strs, vals.map(htmlEscape));          内插值
});

const greeting = htmlSafe`<h1>Hello, ${userInput}</h1>`          示例用法
```

现在，有了使这种实现更容易的工具。使用 spread 和 rest 重新实现相同的功能，如代码清单 23.6 所示。

```
function interlace(strs, vals) {
  vals = [ ...vals ];          使用 spread 而不是
  return strs.reduce((all, str) => {          slice 来复制数组
    return all + String(vals.shift()) + str;
  });                                                       使用 rest 收集值
}

const htmlSafe = (strs, ...vals) => interlace(strs, vals.map(htmlEscape));
```

现在，这个函数变得相当简洁了。在 interlace 函数中，使用 spread 而不是 slice 得到 vals 副本。也可以使用 rest 收集参数，甚至不再需要 createTag 函数了。

在完成此种任务时，使用默认函数参数，这样就不需要在将值传给缩减器 (reducer)之前映射所有值：

```
function interlace(strs, vals, processer=String) {
  vals = [ ...vals ];
  return strs.reduce((all, str) => {
    return all + processer(vals.shift()) + str;
  });
}

const htmlSafe = (strs, ...vals) => interlace(strs, vals, htmlEscape);
```

在此让 interlace 接受第三个参数，称为 processer(默认为 String)，可以用其处理缩减器(reducer)中的每个值。通过这种操作，使用两个参数调用 interlace 函数

所得到的结果与以前一样，但是添加第三个参数(在此处为 htmlEscape)调用
interlace 函数将运行缩减器中每个值上的函数。这就不需要在缩减它们之前迭代
整个列表中的值。

快速测试 23.2　在日志记录中，以下的长度为多少？

```
const a = '123'
const b = ['123']
const c = [1, 2, 3]
console.log([ ...a ].length)
console.log([ ...b ].length)
console.log([ ...c ].length)
```

快速测试 23.2 答案

1　3
2　1
3　3

23.4　迭代器——观察藏在迭代子下的机制

遵循 iterator 协议并具有@@iterator[1]属性的对象就是迭代子。也就是说，当对
象有@@iterator 属性指向另一个迭代器对象时，它就是迭代子。

迭代器的目的是生成一系列值。迭代器需要能够按顺序，一次给出一个值，
同时也要知道何时结束，这样就可以不再生成值。

迭代器是实现了 next 函数的对象。next 函数必须返回具有两个属性(value 和
done)的对象。

done 属性表明迭代器是否已完成迭代其属性的工作。spread 运算符和 for..of
会一直在迭代器上调用 next，直到迭代器将 done 设置为 true 表明再没有值为止。
不必总是将 done 设置为 true，但做一个无限值的迭代器是完全可行的。但由于在
无限迭代器上使用 spread 或 for..of 会使任务永远不会完成，因此不建议这样做。

从 next 返回的 value 属性表明迭代器生成的下一个(next)值。

回想示例，使用 spread 从字符串中获得字符数组：

```
[ ..."Isaacks" ]    ◀——    ["I", "s", "a", "a", "c", "k", "s"]
```

这是字符串的@@ iterator 产生了这些值，而不是字符串本身。由于字符串具

---

1 术语@@name 是描述 name 的属性符号的一种简写方法。如果说对象有属性@@foo，那么这就是一
种简写的方式，说明对象有属性 Symbol.foo。

有@@ iterator 属性，因此字符串是迭代子。

也就是说，为了使对象成为迭代子，它必须有@@ iterator 方法，用于返回新的迭代子(iterator)对象。

接下来将创建可用作对象的@@iterator 的函数。这意味着函数需要返回具有 next 方法的新对象，而 next 方法需要返回另一个具有 done 和 value 属性的对象。从只生成前三个素数的简单迭代器开始：

```
function primesIterator () {
  const primes = [2, 3, 5]
  return {
    next() {
      const value = primes.shift()
      const done = !value
      return {
        value,
        done
      }
    }
  }
}
```

现在，创建使用此函数作为迭代器(iterator)的迭代子(iterable)：

```
const primesIterable = {
  [Symbol.iterator]: primesIterator
}

const myPrimes = [ ...primesIterable ]    ⟵    [2, 3, 5]
```

虽然这行得通，但用这种方式创建迭代器非常麻烦，其实有更简单的方式。你可能已经学会这种方式了。在单元 3 已经介绍过一种函数，它返回具有 next 和 done 属性的对象，这就是生成器函数。实际上，生成器既是迭代器也是迭代子。这意味着，可以直接迭代生成器；也可以将生成器作为@@iterator 属性，使另一个对象成为迭代子。

使用生成器函数重新创建相同的迭代器：

```
function* primesIterator () {
  yield 2
  yield 3
  yield 5
}

const primesIterable = {
  [Symbol.iterator]: primesIterator
```

```
    }
    const myPrimes = [ ...primesIterable ]   ◄——— [2, 3, 5]
```

哇，这太容易了！但由于生成器本身也是迭代子，因此可以直接使用它，而不必先将其设置为 Symbol.iterator：

```
    [ ...primesIterator() ]   ◄——— [2, 3, 5]
```

此处，仅用生成器创建了一个简单的迭代器，以便了解它的工作方式。其实，使用生成器创建自定义迭代器的可能方式是无穷多的。

回到字符串。在迭代时，字符串生成了一系列的字符。但是为什么是每个字符？为什么不是单词呢？这实际上不是字符串做的决定；这是由字符串使用的默认迭代器决定的。重写字符串的迭代器，生成一系列单词，而不是一系列字符：

```
    const myString = Object("Iterables are quite something");
    myString[Symbol.iterator] = function* () {
      for (const word of this.split(' ')) yield word;
    }
    const words = [ ...myString ]  ◄——  ——— ["Iterables", "are", "quite", "something"]
```

在此先创建字符串，将其包装在 Object 调用中，创建对象字符串，否则在更新属性时，对象将失去属性。然后，将字符串的@@iterator 设置为自定义的迭代器，这样就可以简单地生成单词而不是字符。现在在展开(spread)字符串时，会获得单词数组。

重写对象@@iterator 时，要小心。如果试图在对象自己的迭代器内迭代对象，就形成无限循环！让我们来看一个示例：要创建数组，在迭代时，按照反向顺序生成值。可以尝试编写如下代码：

```
    myArray[Symbol.iterator] = function* () {
      const copy = [ ...this ];   ◄——  ——— 试图在迭代器本身迭代自己
      copy.reverse();
      for (const item of copy) yield item;                    未捕获的 RangeError:
    }                                                         超过了最大的调用栈
    const backwards = [ ...myArray ]  ◄——
```

此处发生的事情是，在迭代器内，使用了[…this]，这反过来试图迭代 this，从而获得值，而 this 反过来必须使用迭代器，但是 this 已经在迭代器内了，因此这形成了递归调用！

通常情况下，开发人员希望迭代对象的键(key)和值(value)。使用 for..in 或 for..of 可以很简单地对键或值进行迭代。但是为了同时迭代键和值，大多数人使用如下代码：

```
for (const key in Object.keys(obj)) {
  const val = obj[key]
  //使用 key 和 val 做事
}
```

此处迭代了对象的键，然后使用每个键获得对应的值。这不是很优雅，其实可以使用生成器创建迭代器，同时迭代键和值：

```
function* yieldKeyVals (obj) {
  for (const key in obj) {
    yield [ key, obj[key] ];
  }
}
```

生成器接受对象，为每个属性 yield(获得)属性名数组和属性值数组。可以以如下方式使用它：

```
var address = {
  street: '420 Paper St.',
  city: 'Wilmington',
  state: 'Delaware'
};
for (const [ key, val ] of yieldKeyVals(address)) {
  //使用 key 和 val 做一些事情
}
```

在此使用 for..of 迭代键/值对。然后使用数组解构，直接抓取这些值。相当简约！

比如，要构建一个社交应用，允许更新 friends to like 的状态。开发人员希望列出哪个朋友已经喜欢(like)了某些东西。已经有了名为 sentenceJoin 的函数，这个函数接受一串名字，将这串名字加到句子中，供句子使用：

```
sentenceJoin(['JD', 'Christina')       ◀——— JD and Christina
sentenceJoin(['JD', 'Christina', 'Talan', 'Jonathan'])
                                             JD, Christina, Talan,
                                             and Jonathan
```

问题是，如果名字列表很长，而开发人员只想列出前两个名字和剩余朋友的数量，那么可以创建如下所示的迭代器。

```
function* listFriends(friends) {
  const [first, second, ...others] = friends
  if (first) yield first
  if (second) yield second
  if (others.length === 1) yield others[0]
  if (others.length > 1) yield `${others.length} others`
}
```

现在，可以格式化好友列表：

```
const friends = ['JD', 'Christina', 'Talan', 'Jonathan']

const friendsList = [ ...listFriends(friends) ]

const liked = `${sentenceJoin(friendsList)} liked this.`
```

JD、Christina
和其他两人

iterable 和 iterator 协议奠定了基础，支持所有类型的迭代子对象。本课中，主要讨论了字符串、数组和自动迭代子。在本单元的其他课，将来看看全新的迭代子。

快速测试 23.3
1. 如何使某个对象成为迭代子？
2. 生成器对象是迭代子还是迭代器？

快速测试 23.3 答案
1. 通过设置其@@iterator(Symbold.iterator)属性。
2. 两者都是。

本课小结

本课学习了使用和创建迭代子和迭代器的基础知识。
- 迭代子是具有@@ iterator 属性的对象。
- @@ iterator 属性必须是返回新迭代器对象的函数。
- 迭代器对象必须具有 next 方法。
- 迭代器对象的 next 方法必须返回具有 value 和(或)done 属性的对象。
- value 属性是迭代子的下一个值。
- done 属性指明所有的值是否已迭代完毕。

下面看看读者是否理解了这些内容：

Q23.1　正如我们所讨论的，由于在无限迭代子上使用 spread 将会一直请求值，永不停止，因此会造成破坏。编写名为 take 的函数，接受两个参数：n 为接受的元素项的个数，iterable 为提供元素项的迭代子对象。创建无限迭代子，从中取前 10 个值。如果 take 在迭代子运行完值之后但还未到达数值 n 之前就提前停止了，就有额外加分。

第 *24* 课

集　合

阅读第 24 课后，我们将：

- 理解如何使用和创建集合(set)；
- 理解如何在集合上执行数组操作；
- 了解何时使用数组，何时使用集合；
- 了解什么是 WeakSets，何时使用它们。

集合(Set)是 JavaScript 中的一种新对象。一个集合就是一组独特的数据。它可以储存任何数据类型，但是不会储存对同一值的重复引用。集合是迭代子，因此它们可以使用 spread 和 for..of。集合与数组关系紧密，但当使用数组时，一般关注数组中的各个项；在处理集合时，通常将集合作为一个整体进行处理。

> **思考题：** 假设要构建视频游戏，其中玩家一开始就具有一个技能集，当玩家遇到新技能时，这些新技能就会被添加到玩家的技能集中。如何确保玩家永远不会有重复的技能？

24.1   创建集合

Set 没有字面量版本，如数组的[...]或对象的{...}，因此必须使用关键字 new 来创建集合，如下所示。

```
const mySet = new Set();
```

此外，如果想创建具有初始值的集合，那么可以将迭代子作为第一个(也是唯一的)参数：

```
const mySet = new Set(["some", "initial", "values"]);
```

现在，集合有三个字符串作为初始值。每当使用迭代子作为参数时，迭代子中的各个值(而不是迭代子本身)将作为一项添加到集合中：

```
const vowels = new Set("AEIOU");   ◀——  Set {"A","E","I","O","U"}
```

字符串"AEIOU"是字母 A-E-I-O-U 的迭代子，因此集合最终包含了 5 个单独的字符作为独立值，而不是一整串字符串作为一个值。如果想使用单个字符串值初始化集合，可以将字符串放在数组(Array)中，如下所示。

```
const vowels = new Set(["AEIOU"]);  ◀——  Set {"AEIOU"}
```

甚至可以使用另一个集合作为迭代子参数，创建新的集合。这实际上是克隆或复制现有集合的一种非常方便的方式：

```
const mySet = new Set(["some", "initial", "values"]);
const anotherSet = new Set(mySet);
```

如果传递给集合构造函数的迭代子具有重复值，那么重复的值将会被省略，只会使用第一次出现的值：

```
const colors = new Set(["red", "black", "green", "black", "red"]);
                                            Set {"red", "black", "green"}
```

如果使用非迭代子参数创建集合，将会抛出错误：

```
const numbers = new Set(36);
```

未捕获类型错误：
未定义的不是函数

由于数字 36 没有 Symbol.iterator 函数，因此得到了这个错误。这个错误有点让人迷惑，但是当使用值初始化集合时，所做的第一件事就是使用 Symbol.iterator 来迭代值。如果给定的值没有@@ iterator(数字没有这个函数)，那么会得到让人迷惑的 undefined is not a function 错误。

如果要使用单个数字初始化集合(Set)，那么只需要把数字包装在数组中，代码如下：

```
const numbers = new Set([36]);
```
Set {36}

现在，已经知道了如何创建集合，24.2 节将介绍如何使用它们。

快速测试 24.1　　下列的两个集合有何不同？

```
const a = new Set("Hello");
const b = new Set(["Hello"]);
```

快速测试 24.1　答案
```
1  Set {"H", "e", "l", "o"}
2  Set {"Hello"}
```

24.2　使用集合

大多数情况下，数组就够用了。但如果发现自己需要某些内容的唯一列表，可能会想到使用集合。应该根据使用这些项的列表做什么来决定使用何种数据结构。如果想要在列表上执行的操作更倾向于以数组为中心，如与特定索引的元素交互，或使用如 splice 的方法，那么更可能使用数组。但如果发现集合的 API 更符合想要执行的操作，如基于值(与基于索引相反)进行添加、检查是否存在、移除等操作，那么可能选择集合(Set)。如果发现需要结合二者，那么先使用集合，然后在需要执行数组操作时将其转换为数组，可能更简单。

想象一下，构建视频游戏，允许某个角色在整个区域内移动。使用一系列的方块渲染此区域。每次角色移动时，都会得到一个新的方块集合来渲染，画出游戏当前的状态。但为了缩短游戏的渲染时间，在每一帧中，只希望渲染那些在屏幕上还未绘制的方块。如果将当前已渲染的方块储存在集合中，那么可以使用 Set.prototype.has 检查方块是否已被渲染，代码如下：

```
if ( !frame.has(tile) ) {
    //绘制方块到屏幕
}
```

此处，有一个名为 frame 的集合，程序使用.has()确定方块是否已经绘制到了屏幕上。当然，一旦方块绘制到了屏幕，就要将该方块添加到集合中，让程序记住下一帧中这个方块已经绘制过了。可以使用 Set.prototype.has 实现这个任务，代码如下：

```
if ( !frame.has(tile) ) {
    //绘制方块到屏幕
    frame.add(tile);
}
```

现在，我们也希望能够移除在当前帧中不再绘制的方块。因此，需要从集合中删除不再绘制的所有方块，添加需要绘制的所有新方块。编写函数，实现这个功能，如代码清单 24.1 所示。

代码清单 24.1　绘制下一帧

```
function draw(nextFrame) {
    for (const tile of frame) {          使用 for..of 来迭代所有
        if ( !nextFrame.has(tile) ) {    组成当前帧的方块
            frame.delete(tile);          检查下一帧是否有给定方块
        }
    }                                    如果下一帧不包
    for (const tile of nextFrame) {      含此方块，移除
        if ( !frame.has(tile) ) {        使用 for..of 迭代下
            // 绘制方块到屏幕            一帧中的所有方块
            frame.add(tile);
        }                                检查当前帧是否
    }                                    还没有该方块
}              如果当前帧未含有该
               方块，添加该方块
```

现在想象一下，玩家到处跑，收集新任务。如果在玩家的任务簿里已经有了这个任务，则不希望添加重复的任务。如果使用数组，那么必须想出一种策略，确保不添加重复的任务，但是如果使用集合，那么这个功能就自然而然实现了。

如果要给出指示，让玩家知道自己有多少任务，可以使用 Set.prototype.size：

```
const questDisplay = `You have ${quests.size} things to do.`
```

属性 Set.prototype.size 相当于字符串或数组的 length 属性。此外，所使用的 add 方法与数组中的 push 方法(在数组的元素项列表末尾添加元素项)非常类似。

但是在数组中没有对应的 delete 函数。使用 pop 或 shift 可以轻松地从数组中移除项。pop 移除并返回数组中的最后一项，shift 移除并返回第一项，这也造成了所有其他项的索引向前减一位。但这些函数根据位置(最后一项和第一项)删除值。集合中的 delete 方法指定从集合中删除某个具体值，而不管其位置。由于数组可能在多个位置都有某个指定的值，因此这个概念不容易延伸到数组。可以将数组转化为集合，使用 delete 移除元素项，但是这可能会产生不希望的副作用，即同时使数组唯一化了。另一方面，集合没有对等的 pop 或 shift 方法。但集合确实维持插入的顺序，因此可以很容易将集合转化为数组，获得第一项和最后一项，代码如下：

```
function pop(set) {
    return [ ...set ].pop();
}
```

当对 Set 使用 spread 时(如[...set])，使用集合中的所有值作为数组中的项创建了新数组。这个函数将会返回集合中的最后一项，但是由于在迭代子上使用 spread 并不改变迭代子，因此这个函数没有删除最后一项。新创建数组的最后一项被删除了，但是集合的最后一项没有被删除。为了删除集合中的最后一项，必须确保使用 delete 从集合中删除它，代码如下：

```
function pop(set) {
  const last = [ ...set ].pop();
  set.delete(last);
  return last;
}
```

在函数内部使用 shift(而不是 pop)编写 shift 函数非常简单，代码如下：

```
function shift(set) {
  const first = [ ...set ].shift();
  set.delete(first);
  return first;
}
```

集合保持了元素插入顺序。除了完全清空集合，然后按新顺序将项放回去外，没有其他办法重新排列。想象一下，在创建游戏时，要储存一个玩家集。每一轮之后，要将第一个玩家排在最后一个位置，其他每个玩家向前挪一位，这样每一轮就可以保持循环。使用数组，结合 shift 和 push 可以做到这一点，代码如下：

```
function sendFirstToBack(arr) {
  arr.push( arr.shift() );
}
```

如果想用新顺序创建新集合，可以将集合转化为数组，设置顺序，然后返回新集合，代码如下：

```
function sendFirstToBack(set) {
  const arr = [ ...set ];
  arr.push( arr.shift() );
  return new Set(arr);
}
```

如果真的需要改变现有集合的顺序，可以使用 Set.prototype.clear 清空整个集合。但是，无法一次将多个项添加到集合中。因此，为了在改变顺序后将项添加回集合中，需要使用 Set.prototype.add 一个一个分别将项添加回集合中：

```
function sendFirstToBack(set) {
  const arr = [ ...set ];      ← 首先，获得集合的所有项，将其放入一个数组
  set.clear();                 ← 移除集合中的所有项
  arr.push( arr.shift() );     ← 重组数组顺序
  for(const item of arr) {
    set.add(item);            ← 按新顺序将项添加回集合
  }
}
```

现在，知道了如何使用集合，24.3 节将探讨何时使用集合，何时使用数组。

> **快速测试 24.2**　在数组方法 Array.prototype.shift、Array.prototype.pop 和集合方法 Set.prototype.delete 之间，最根本的区别是什么？

快速测试 24.2 答案

数组方法 Array.prototype.shift 和 Array.prototype.pop 基于项在数组中的位置(索引)，即分别为第一项和最后一项，移除项。集合方法 Set.prototype.delete 则基于项本身的值删除项。

24.3　WeakSet 简介

WeakSet 是一种特殊类型的集合。它唯一的目的是包含着对象，让对象可以被当作垃圾收集。一般来说，如果将对象添加到数组中并删除其所有的引用，那么由于数组依然引用了对象，因此该对象依然不能被当成垃圾收集。对于集合，也是如此。有时可能希望储存对象，但不阻止对象被当作垃圾收集。

假设在构建一个MMO(大型多人在线)游戏时,为了防止玩家在spawn时被杀,

要使用集合确定哪些玩家当前正在成长。此时，可以将这些玩家添加到 spawning 集合：

```
function spawn(player) {
  spawning.add(player);
  // ... 做一些事情，可以设置 N 秒后超时
  spawning.delete(player);
}
```

然后，如果其他东西试图攻击玩家，在向玩家添加伤害值之前，可以先检查其当前是否在 spawning：

```
function addDamage(player, damage) {
  if (!spawning.has(player)) {
    //向玩家添加伤害值
  }
}
```

如果 spawning 是正常集合，那么当玩家离开了游戏或可能在 spawning 时断开与互联网的连接时，需要确定将玩家从 spawning 集合中移除。这看起来可能不太困难，但是，如果有若干个集合出于不同的理由追踪玩家，会发生什么呢？在这种情况下，要在玩家退出游戏时，确保移除对玩家的所有引用，这可能有点麻烦。但如果使用 WeakSet，由于 WeakSet 可以让项被当成垃圾收集，这就变得没有必要了。

为了实现这一点，WeakSet 引用其所包含的任何项。为了检查 WeakSet 是否包含项，必须已经得到了对此项的引用。在我们的用例中，这是没问题的。在游戏中，已经了有玩家，如果要检查玩家是否在 spawning 的 WeakSet 中，是行得通的。

由于 WeakSet 没有对其项的引用，因此 WeakSets 不能迭代。因此，WeakSet 实际上不可能与 Set 一样是迭代子，也就不可能对它使用 for..of 或 spread。WeakSet 也只包含对象的值：原语值是不允许的，如果试图添加原语值到 WeakSet，则会抛出一个错误。

本课小结

本课学习了如何创建和使用集合，以及为什么使用集合，而不使用数组。
- 集合没有字面量，必须使用 new 创建。
- 可以使用迭代子作为参数，创建集合。
- 使用现有集合作为参数，从而创建新集合，克隆集合。

- 集合是迭代子，因此可以与 spread 和 for..of 一起使用。
- 使用 Set.prototype.add 将值添加到集合。
- 使用 Set.prototype.has 可以确定集合是否有某个值。
- 使用 Set.prototype.delete 可以删除集合中的某个值。
- 使用 Set.prototype.clear 可以清空集合。
- 使用 Set.prototype.size 可以确定集合中含有多少项。
- WeakSet 不是迭代子。
- WeakSet 只能包含对象。
- WeakSet 不能防止其内容被当成垃圾收集。
- WeakSet 无法检查其内容。

下面看看读者是否理解了这些内容：

Q24.1 创建下列辅助函数，使得集合操作更加有用。

- union——函数接受两个集合，返回包含了这两个集合中所有值的新集合。
- intersection——函数接受两个集合，返回只包含两个集合中共同值的新集合。
- subtract——函数接受两个集合，返回在第一个集合中却不在第二个集合中的所有值的集合。
- difference——函数接受两个集合，返回包含不同时在两个集合中的所有值的新集合(与 intersection 相反)。

希望深入理解，获得更多乐趣，可以升级这些函数，使其可以应用于多个集合，而不仅仅是两个集合。

第**25**课

映　射

阅读第 25 课后，我们将：

- 知道如何创建映射；
- 知道如何将普通对象转换为映射；
- 知道如何将值添加值映射，以及如何访问映射上的值；
- 知道如何迭代映射的键(key)和值(value)；
- 知道如何解构映射；
- 理解何时使用映射而不使用对象；
- 理解为什么使用 WeakMap 而不使用映射。

在 JavaScript 中，与集合一样，映射是一种新型对象。在 ES2015 中，映射(Map)是 JavaScript 中的另一种迭代子，不要将其与高级的数组方法 Array.prototype.map 混淆。映射更像是 JavaScript 中的通用对象，具有键与值。不同点在于映射可迭代，而对象不能。普通的对象仅限于能够将字符串值作为键[1]，而映射却可以将任意数据类型(甚至是另一映射)作为键。

---

1 从技术上讲，是字符串和符号。

> **思考题**：在需要数据容器，但每个数据项不需要有合格标识符时，使用数组。当需要存储数据且能够基于字符串标识符检索特定数据时，使用对象。但如果需要基于相对复杂的标识符，如 DOM 节点或其他不能作为对象键的标识符，来检索数据时，该怎么办？此时需要使用什么？

25.1 创建映射

与集合(Set)一样，映射(Map)没有字面量版本，因此必须使用 new 关键字来创建映射，如下所示：

```
const myMap = new Map();
```

记住，第 24 课使用了单个数组参数实例化集合(Set)，定义了集合的初始值。你可能会认为，由于映射是一系列键和值，因此可以通过传入具有初始值的单个对象参数来实例化映射。然而，情况并非如此。如果仔细思考，就会发现这是有道理的。数组包含了集合可以包含的任何数据类型，但是对象的键仅限于字符串，而映射的键则可以是任何数据类型。因此，使用对象作为初始参数将会限制所能使用的键的类型。相反，可以使用包含了(较小)键/值对数组的大数组作为初始值来实例化映射，代码如下：

```
const myMap = new Map([
   ["My First Key", "My First Value"],
   [3, "My key is a number!"],
   [/\S/g, "My key is a Regular Expression object!"]
]);
```

注意如何使用不同类型的对象作为映射的键：首先使用字符串，然后使用数字，再使用 RegExp 对象。所有这些对映射而言都是有效的键，与在对象上使用时不同，它们不会被转换为字符串。

如果要将对象(Object)转换成映射(Map)，可以采用如下方式：

```
const myMap = new Map(Object.keys(myObj).map(key => [ key, myObj[key] ]))
```

这里使用 Object.keys 获得 MyObj 所有属性的数组，然后使用 Array.prototype.map 将键的数组转换为键/值对数组，接着将键/值对作为参数传递给映射构造函数。

Array.prototype.map 与映射结合使用，你不要混淆，也不要过于深究这个事实。数组的映射方法是一个动作，将一个数组的值映射转换为新数组的值。另一方面，Map 对象将键与值映射。这不是动作或转换，而是数据存储，允许基于键访问值。传递给 Map 一个键，可以返回一个值，在某种意义上说，这是将键映射为值。

快速测试 25.1　下列哪些是创建新映射(Map)的有效方式？

```
const a = new Map({ foo: "bar" })
const b = new Map([ "foo", "bar" ])
const c = new Map([[ "foo", "bar" ]])
const d = new Map([{ foo: "bar" }, []])
const e = new Map()
```

快速测试 25.1 答案
a 和 b 都无效。c、d 和 e 都有效。

25.2　使用映射

此时，你可能会问："Map 不也是对象吗？难道 JavaScript 将其与其他对象区别对待吗？"为了回答这个问题，首先需要定义一些术语。在本课，在将映射与对象进行比较时，会指出什么是通常所说的 POJO(plain old JavaScript object)，POJO 的意思是在某个简单的对象被用作数据结构时，其属性被用作键和值。映射的键不是其属性。与所有其他的对象一样，映射扩展了对象，它的属性必须是字符串。但是映射在内部存储了键和值，但不作为属性，这就是它能够与普通对象不同，能够使用任何数据类型的原因。

如果使用 Object.keys 获得映射的属性，得不到所设置的键，相反，会得到空数组：[1]

```
Object.keys(myMap);    ◀——— 返回[]
```

如果想获得映射的键(而不是属性)，可以使用 Map.prototype.keys：

```
myMap.keys();    ◀———  { "My First Key", 3, /\S/g }
```

这不返回键的数组，而是返回迭代器，允许迭代键。但要记住，如果需要，能够比较容易地将迭代器转换为数组：

```
[ ...myMap.keys() ]    ◀———  { "My First Key", 3, /\S/g }
```

映射也有 Map.prototype.values 用于获取值。同样，该方法返回迭代器，而非数组：

```
myMap.values();    ◀———  {"My First Value","My key is a number!",...}
```

---

[1] 虽然映射的确有如 size 这样的属性，但是由于此类属性是在映射的原型上，而不是具体的实例，因此没有列出。

事实上，集合也有这两个方法。但是由于集合不使用键，只有值，因此集合的 Set.prototype.keys 和 Set.prototype.values 方法返回的是同一内容。实际上，映射和集合的 API 非常一致，但不完全相同。例如，它们都具有 size 属性，以及表 25.1 中所示的通用方法。

表 25.1　映射和集合共享的通用方法

方法	说明
clear	移除映射或集合中的所有值
delete	移除映射或集合中的指定值
entries	返回迭代器，访问所有的键和值
forEach	与数组上的相同方法类似，循环遍历映射的所有键和值
has	检查映射是否有给定键(或集合是否具有给定值)
keys	返回迭代器，访问所有键
values	返回迭代器，访问所有值

然而，集合有用于添加值的 Set.prototype.add 方法，映射则使用易混淆的 Map.prototype.set 方法来添加条目：

```
myMap.set("My next key", "My next value");
```

映射也有 Map.prototype.get 方法，用来检索指定键的值：

```
myMap.get("My next key");    ◄──── "My next value"
myMap.get("Some other key"); ◄──── 未定义
```

我不确定 TC39 委员会为什么竟然花如此大力气来确保集合和映射的 API 是一致的，甚至在集合上包括了冗余的 key 方法，但是功亏一篑，实际上 API 并不完全相同。

另外，值得一提的是，虽然集合上的方法将值(value)作为参数，如 delete(value)；但映射可以将键作为参数，如 delete(key)。

快速测试 25.2　最后两行代码有什么区别？

```
const myMap = new Map([[ "a", 1], ["b", 2]]);
Object.keys(myMap);
myMap.keys();
```

快速测试 25.2 答案

- Object.keys(myMap)返回映射自身的可枚举属性(map 没有这种属性)。
- myMap.keys()返回与所存储数据(a 和 b)相关联的键。

25.3　何时使用映射

你可能会问："现在，在需要键和值的任何时候，都应该用映射吗？"答案可能是否定的。大多数时候，开发人员依然可能想使用常规的对象。常规的对象是轻量级的，并且当所需要的是传递值的结构时，其更具表达力。

比如，有一个可以指定宽度(width)和高度(height)等选项的函数。使用对象解构，可以很容易完成这个任务：

```
function renderWithOptions({ width, height, ... }) {
//使用 width、height 和其他选项
}
```

不能根据键的名称解构映射，另外，这里假设映射的所有键都是字符串。如果映射的键是某种类型的对象，如日期(date)，那该怎么办？它们不可能使用这种方式解构。映射和所有的迭代子都可以解构，但是是使用数组类型的解构方式：

```
const options = new Map();
options.set('width', 400);
options.set('height', 90);
options.set(new Date(), 'now');

const [a, b, c] = options;
console.log(a);  ◄─── ["width", 400]
console.log(b);  ◄─── ["height", 90]
console.log(c);  ◄─── [<date object>, "now"]
```

可以使用嵌套数组解构，以访问键和值：

```
const [ [ widthKey, width ], [ heightKey, height ] ] = options;
console.log(widthKey);  ◄─── "width"
console.log(width);  ◄─── 400
console.log(heightKey);  ◄─── "height"
console.log(height);  ◄─── 90
```

这不仅非常烦琐，而且要假设宽(width)是映射的第一个项，高(height)是第二个项。这是因为这种类型的解构基于映射中的索引或位置，而不是基于属性或键的名称：

```
const [ [ heightKey, height ], [ widthKey, width ] ] = options;
console.log(heightKey);  ◄─── "width"
console.log(height);  ◄─── 400
console.log(widthKey);  ◄─── "height"
console.log(width);  ◄─── 90
```

普通的对象确实有一些局限性，这也是映射介入的地方。普通的对象有键，因此可以根据特定值组织数据，但是对象不能保证任何特定的顺序。另一方面，数组确实保证了顺序，但是只能根据索引(而不是特定的标识符)访问值。使用映射，可以同时做到这两点。

因此，如果需要迭代键和值，并且顺序很重要，那么使用映射。即使顺序并不重要，使用映射迭代键和值也更加直接。

下面看看区别。假设在网站上使用分面搜索，就是允许基于不同的分面，如价格、品牌或颜色，来缩小搜索范围。开发人员希望列出用于搜索的所有分面，并将加以显示，如图 25.1 所示。

图 25.1   显示搜索分面的键和值

为了显示它们，需要迭代每个分面(键和值)，并将它们添加到屏幕上。如果使用映射存储分面，那么可以以如下方式迭代它们：

```
for (const [name, value] of facets) {
    //渲染分面的名称和值
}
```

如果将分面存储在普通对象中，要迭代它们，可能需要额外步骤：

```
for (const name of Object.keys(facets)) {
  const value = facets[name];
   //渲染分面的名称和值
}
```

对象的另一限制则是它们的属性必须为字符串。有些时候，可能需要使用对象作为键，比如，希望构建名为 Singleton 的函数，可以将任何构造函数转换为单个实例[1]。在设计 Singleton 对象时要特别小心，确保只创建一个实例——通常使用静态的 getInstance 方法。但可以使用映射轻松地将这种功能添加到任何类型的对象上，如代码清单 25.1 所示。

代码清单 25.1   保证任何对象类型只有单一实例的模块

创建映射，为每个构造函数存储单个实例。这个映射未被导出，对应用程序的其他部分而言它是隐藏的

```
const instances = new Map();
export default function Singleton(constructor) {
```

Singleton 函数接受了构造函数作为参数

---

1 Singleton 是只能有一个实例的构造函数/类。参见 https://en.wikipedia.org/wiki/ Singleton_pattern。

```
if (!instances.has(constructor)) {
  instances.set(constructor, new constructor());
}
return instances.get(constructor);
}
```

首先，检查 map 是否已经
有了此构造函数的实例

检索和返回给定构造函数
的单个实例

如果没有，就创建一个构造函数实例，将构
造函数作为键，将此实例添加到映射中

这就是所需要的所有代码。使用函数 Singleton，它接受任意对象的构造函数。
这里使用映射存储实例的构造函数。首先，检查了对于给定构造函数是否存在实
例，如果不存在，创建一个。然后，返回实例。这确保了只创建一个实例：

```
import Singleton from './path/to/single/module';
Singleton(Array)
Singleton(Array).length
Singleton(Array).push("new value")
Singleton(Array).push("another value")
Singleton(Array).length
const now = Singleton(Date)
setTimeout(() => {
  const later = Singleton(Date)
  now === later
}, 10000)
```

创建一个空数组

数组长度为 0

向数组添加两个元素

数组长度为 2

由于now 和 later是相同的对象，
返回 true

在很多情况下都可能想使用对象作为键，这只是其中一种情况。开发人员可
能需要 DOM 节点使用某种动作或方式自行注册，以便将数据与 DOM 节点绑定：

```
const domData = new Map()
function addDomData(domNode, data) {
  domData.set(domNode, data);
}
function getDomData(domNode) {
  domData.get(domNode);
}
```

也可能开发人员希望将数据与对象绑定，而不改变对象本身。这可能是开发
人员不想改变的框架中所使用的视频中的字符、DOM 节点或对象。任何时候，如
果想要存储关于另一个对象(本身对象外部)的数据，选择映射非常合适。

想象一下，开发人员正在构建一个真实的房地产网站，为多个挂牌上市房屋服
务，每个服务都给开发人员提供了一组准备销售的房屋。每处房屋都有 ID(listingId)。
为了防止与其他供应商的上市房屋 ID 冲突，每个挂牌上市房屋都有多挂牌上市房
屋 ID(multiple listing ID: mlsId)。如果要在特定区域显示所有上市房屋，就意味着
需要一次记住来自多个供应商的上市房屋。为了确定某个上市房屋，需要使用

listingId 和 mlsId。正因为如此，你可能认为，对于每个上市房屋使用[mlsId, listingId]等数组作为键，将它们存储在映射中，可能比较容易。但是，由于为了从映射中获得上市房屋列表，需要引用用来添加上市房屋的确切数组，而不仅仅是带有正确 mlsId 和 listingId 的数组，因此这种方法不够理想：

```
const listings = new Map()
listings.set(['mls37', 'listing29'], /* ... some listing */ )
// ...

listings.has(['mls37', 'listing29'])   ←── 错误
```

为什么上市房屋的映射告诉我们，它并没有上市房屋，但其实我们知道它有？即使使用了正确的 mlsId 和上市房屋 ID，但却创建了包含它们的新数组，这是不同的对象。映射查看对象本身，而不是对象的内容。提供给映射，作为键的对象必须是完全相同的对象。你可以认为就像是对象必须满足三重等号===的相等。但由于即使 NaN !== NaN，也可以使用 NaN 作为映射的有效键，因此不是 100%正确。

下面的代码允许设置对象上的任意键和值。但如果键的来源不受信任，会发生什么呢？如何得知键最终会对对象(如 toString，proto 等)上的集合造成危险？

```
const data = {};
function set(key, val) {
  data[key] = val;
}
```

由于映射的键不是属性，不会与内置属性冲突或重写内置属性，因此使用映射而不使用对象，能够防止这种事情的发生。

快速测试 25.3　分别从 myObj 和 myMap 中解构的 width 和 w 常量有何区别？

```
const myObj = {}, myMap = new Map();
myObj['width'] = 400;
myObj['height'] = 50;
myMap.set('width', 400);
myMap.set('height', 90);

const { height, width } = myObj;
const [ h, w ] = myMap;
```

快速测试 25.3 答案
Width 与预期一样，为 400，但是 w 是 ["height"，90]。

25.4　WeakMap 简介

与 24.3 节的 WeakSet 类似，WeakMap 是一种非迭代子的映射子集。但不同的是，WeakSet 对其值具有弱的引用，而 WeakMap 对其键有弱引用。此外，WeakMap 可能将对象作为键。WeakMap 不能防止其键被作为垃圾收集。由于 WeakMap 是不可迭代的，因此无法获得 WeakMap 所有键的列表。也不能检查 WeakMap 是否有指定的键，除非已有对该键的引用。一旦不存在对键的引用，WeakMap 就不能再访问该键，其就可以被当成垃圾收集了。

在试图避免内存泄漏或不需要迭代映射中的所有键/值，而只需要有键的引用，可以访问值的情况下，可能希望使用 WeakMap。例如，需要存储某些对象的元数据。对象可能是登录游戏的玩家，他们可能登出。或者，对象可能是 DOM 节点，随着 UI 的改变从 DOM 中移除了。如果在常规的映射中基于这些对象存储元数据，由于映射对这些对象的引用使这些对象不能被当作垃圾收集，就会导致内存泄漏。WeakMap 可能让对象被当成垃圾收集，因此不会造成内存泄漏。由于需要一些额外的特性，如迭代，因此依然需要使用映射；在必要时，可以从映射中移除对象。

本课小结

本课学习了如何创建和使用映射，以及使用映射而不使用普通对象的原因。

- 要实例化带键和值的新映射，使用由数组对组成的数组作为参数，而不是使用对象作为参数。
- 映射与集合有许多相同的属性和方法。
- 使用 Map.prototype.set(key, value)将新 key/value 对添加到映射。
- 映射的键存储在内部，与其属性无关。
- 映射使用数组风格而不是对象风格的解构方式。
- 与普通的对象相比，映射能够更优雅地进行迭代。
- 与对象不同，映射能够保证顺序。
- 映射能够以任何数据类型作为键。
- WeakMap 必须使用对象作为键。
- WeakMap 允许其键作为垃圾被收集。
- WeakMap 不可迭代。

下面看看读者是否理解了这些内容：

Q25.1　编写以下 3 个辅助函数来改变映射：

- sortMapByKeys——返回根据键排序的映射副本的函数。
- sortMapByValues——返回根据值排序的映射副本的函数。
- invertMap ——返回键和值调换位置的映射副本的函数。

在实际使用中，这些函数需要考虑到：根据映射工作方式的定义，其键必须是唯一的，但是值可以重复。为了简化这个练习，假设这些函数只能在具有唯一值的映射上操作。

第 26 课

顶点练习: 21 点游戏

本顶点练习要构建 21 点游戏(Black Jack),如图 26.1 所示。

图 26.1　21 点游戏

纸牌游戏有很多集合(set)。一副牌是一套纸牌的集合,每个玩家的手也是纸牌集合。同时也需要使用映射,最终还要使用生成器,创建函数,降低迭代器循环的速度,这样在屏幕上就可以生成动画。

注意:可以从本书所附带的代码中包含的起始文件夹开始本项目。任何时候遇到问题,都可以检查具有完整游戏的最终文件夹。起始文件夹是已经配置使用 Babel 和 Browserify(请参见第 1~3 课)的项目;只需要运行 npm install 完成配置。如果你还未阅读第 1~3 课,那么在开始本练习之前,先去阅读。这还包括了

index.html 文件：这是游戏运行的地方。其中已经包含了所需要的所有 HTML 和
CSS；一旦捆绑 JavaScript 文件，只需要在浏览器中打开它即可。src 文件夹是放
置所有 JavaScript 文件的地方，其中已经包含一些 JavaScript 文件。dest 文件夹是
在运行了 npm run build 后，放置捆绑的 JavaScript 文件的地方。需要记住的是，
每次更改后，运行 npm run build，编译代码。

项目开始时，就已经创建了一些模块，特别是元素模块和模板模块。为了让
游戏代码更容易理解，继续创建模块，处理游戏的特定部分。

开发人员可以从构建纸牌模块，处理所有相关的任务(比如，创建一副牌、洗
牌或计数玩家手中的牌)开始。然后创建 utils 模块，储存所需要的辅助函数。最终，
在主索引(index)文件中，使用所有这些模块，编排游戏。如果正确使用了模块，
那么索引文件应该相当简单，容易理解。

26.1 若干张纸牌和一副牌

毕竟，这是纸牌游戏，因此可以从创建和储存纸牌开始。每张牌都是有花色
和点数(face)的简单对象。为了协助创建纸牌，可以储存可用花色和点数的集合。
创建名为 src/cards.js 的文件，使用集合(Set)储存所有可能的纸牌花色，如代码清
单 26.1 所示。

代码清单 26.1   src / cards.js

```
const suits = new Set(['Spades', 'Clubs', 'Diamonds', 'Hearts']);
```

可以使用一个集合来储存所有可能的纸牌点数，如代码清单 26.2 所示。

代码清单 26.2   src / cards.js

```
const faces = new Set([
  '2', '3', '4', '5', '6', '7', '8', '9', '10', 'J', 'Q', 'K', 'A'
]);
```

还需要一种方法来确定点数。为此，可以使用映射，如代码清单 26.3 所示。

代码清单 26.3   src / cards.js

```
const faceValues = new Map([
  ['2', 2], ['3', 3], ['4', 4], ['5', 5], ['6', 6], ['7', 7], ['8', 8],
  ['9', 9], ['10', 10], ['J', 10], ['Q', 10], ['K', 10]
]);
```

此处，使用映射储存每张牌(除了 ace)的点数。由于 ace(扑克牌中的 A)的值根据上下文而变化，可以为 1 或 11，因此不能使用这种方式储存它的值，必须区别对待。

游戏要渲染纸牌，每张纸牌可以面朝下或面朝上。纸牌要从发牌手发给每个玩家，因此追踪哪张牌可以翻开可能比较棘手。使用映射，这就简单多了。将实际的牌作为键储存在 map 中，将是否翻开作为值。这意味着，只要有对纸牌的引用，就可以确定纸牌面朝上还是面朝下，如代码清单 26.4 所示。

代码清单 26.4　src / cards.js

```
export const isCardFlipped = new Map();

export function flipCardUp(card) {
  isCardFlipped.set(card, true);
}

export function flipCardDown(card) {
  isCardFlipped.set(card, false);
}
```

现在，编写函数创建一副牌，如代码清单 26.5 所示。

代码清单 26.5　src / cards.js

```
export function createDeck() {
  const deck = new Set();
  for (const suit of suits) {
    for (const face of faces) {
      deck.add({ face, suit });
    }
  }
  shuffle(deck);
  return deck;
}
```

这个函数很简单。首先，为牌盒创建新集合(Set)，然后使用 for..of 遍历所有花色和点数，将纸牌加入到牌盒中，使其拥有所有可能的组合(花色和点数的组合，确切说，有 52 张)。最后，调用 shuffle(deck)。任何纸牌游戏都要求在使用前洗牌，21 点也不例外，因此要编写洗牌函数。

Set 按照插入的顺序维护条目，但是不储存键，这意味着没有与值相关联的索引。因此，为了对集合进行洗牌操作，需要使用数组，如代码清单 26.6 所示。

代码清单 26.6　src/ cards.js

```
export function shuffle(deck) {
    const cards = [ ...deck ];
    let idx = cards.length;
    while (idx > 0) {
        idx--
        const swap = Math.floor(Math.random() * cards.length);
        const card = cards[swap];
        cards[swap] = cards[idx];
        cards[idx] = card;
    }
    deck.clear();
    cards.forEach(card => deck.add(card));
}
```

当前纸牌
的索引

使用 spread 将集
合中的所有值放
到数组中

获得另一张纸牌随
机索引，并将此索引
的另一张纸牌与当
前牌交换

获得纸牌
的 swap
索引

将纸牌的 swap
索引设置为当前
纸牌

在将洗过的牌放回
之前，清空集合

将洗过的牌以新顺
序放回牌盒中

将当前索引的牌设置为
已交换的牌

　　这个函数首先使用 spread 获得集合中的所有纸牌，将它们放在数组中，然后遍历数组中的所有索引，将该索引的纸牌与随机索引的纸牌交换。可能会多次选中相同索引进行交换，这无妨。结果是，纸牌数组随机洗牌。最后，将它们添加回牌盒中。由于每张纸牌只能在集合中出现一次，因此必须清空牌盒。

　　现在，有了方法来创建整副牌和洗牌，接下来要发牌给每个玩家。在从牌盒中发牌时，一般是从顶部开始发牌。正如你所知，数组有一个名为 pop 的内置方法处理此类任务，但是，集合没有对应的方法，因此需要自己构建一个方法，如代码清单 26.7 所示。

代码清单 26.7　src/ cards.js

```
export function pop(deck) {
    const card = [ ...deck ].pop();
    isCardFlipped.set(card, true);
    deck.delete(card);
    return card;
}
```

　　在此 pop 函数中，使用数组中的 pop 获得牌盒中的上一张牌，然后，将纸牌默认为面朝上。大部分游戏发牌时，纸牌的面朝下，但是在 21 点的游戏中，大部分情况下，要求纸牌面朝上，因此这变成了默认的方式。由于发出去的纸牌不能同时既在牌盒中，又在玩家手中，因此使用 delete 从牌盒中移除纸牌。最后，返回该纸牌。

在 21 点游戏中，每个玩家开始有两张牌。在游戏中，每个玩家手上的纸牌也用集合(Set)表示。编写一个小函数，从牌盒中发放两张牌给给定的手(玩家)，如代码清单 26.8 所示。

代码清单 26.8　src/cards.js

```
export function dealInitialHand(hand, deck) {
  hand.add(pop(deck));
  hand.add(pop(deck));
}
```

21 点的关键点是，玩家手上的纸牌点数总和尽可能接近 21，但不能超过，因此需要一个函数计算手中纸牌的总点数。使用先前创建的 faceValues 映射，迭代所有纸牌，检查每张纸牌的点数，计算出总点数。但由于纸牌 A 的点数可能为 1 或 11，因此不能使用这种方法。因此，在所有纸牌的初始循环中，每张纸牌 A 都可以计数为 1，同时追踪每张纸牌 A。在初始循环后，如果针对每张纸牌 A，又加 10 之后，纸牌的总点数依然小于或等于 21，就可以添加 10，如代码清单 26.9 所示。

代码清单 26.9　src/cards.js

```
export function countHand(hand) {          Count 从 0 开始
  let count = 0;
  const aces = new Set();                  创建集合跟踪所
  for (const card of hand) {               有的纸牌 A
    const { face } = card;
    if (face === 'A') {                    对于每个纸牌 A，count
      count += 1;                          加 1，跟踪纸牌 A
      aces.add(card);
    } else {
      count += faceValues.get(face);       如果不是纸牌 A，加
    }                                      上 faceValues 映射中
  }                                        得到的值
  for (const card of aces) {
    if (count <= 11) {                     对于所有的纸牌 A，如果再加
      count += 10;                         10 个点数，count 不会超过 21，
    }                                      就这样操作
  }
  return count;
}
```

这就是在这个 cards(纸牌)模块中所需的全部代码。现在，有了创建整副牌、洗牌、发放初始两张牌、计数手中所有纸牌点数的函数，同时还有一种方式追踪

给定的牌面朝上还是面朝下。26.2 节将编写函数，延缓 CPU 的决定，让玩家能够实时观察发生的事情。

26.2　让 CPU 缓慢运行，便于玩家观察

　　游戏从用户(玩家)从牌盒中拿牌开始，直到用户将控制权传递给发牌手，此时发牌手可以从牌盒中抽出牌。由于发牌手为 CPU，因此可以快速做出决定。而为了让人类玩家观察发生了什么，需要减慢发牌手发牌的速度。

　　可以使用生成器函数做到这一点，任何时候要暂停，都可以使用 yield。还需要另一个函数来迭代生成器，在每次出现 yield 时暂停。创建 src/utils.js 函数，按照代码清单 26.10 所示，添加这个函数。

代码清单 26.10　src / utils.js

```
使用 milliseconds 参                                      给出迭代器中的下一
数创建新间隔                                               个迭代
export function wait(iterator, milliseconds, callback) {
  const int = setInterval(() => {
    const { done } = iterator.next();   ←
    if (done) {   ← 检查迭代器是否完成任务
      clearInterval(int);
      callback();          如果迭代器已完成任务，
    }                      清空间隔，调用回调函数
  }, milliseconds);   ← 使用 milliseconds 参数创建新间隔
}
```

　　wait 函数有 3 个参数：一个迭代器对象，在两个迭代之间所要等待的毫秒数，以及回调函数。使用给定的 milliseconds 参数调用 setInterval。在间隔函数内部，将箭头函数传递给 setInterval，调用 iterator.next()。这将导致迭代器每经过 milliseconds 的时间，会尝试检索下一个值。检查迭代器的 done 值，如果迭代器完成了任务，那么清空间隔值。现在，这可以与任何迭代器一起工作，在每次迭代之间停顿，但是如果使用迭代器，则允许使用 yield 指定何时暂停函数的执行。

　　例如，当使用代码清单 26.11 中的 wait 函数时，在 1s 后，首先会记录 A。然后，由于调用了 yield，将等待 wait 函数的下一个间隔时间。然后，将会同时记录 B 和 C，但是由于使用了另一个 yield，在显示 D 之前，将等待 1s。

代码清单 26.11　使用 wait 函数

```
function* example() {
  console.log('A');   ← 在 1s 后，将记录 A
```

```
    yield;          ← 此处会导致另一个延迟
    console.log('B');  ┐
    console.log('C');  │ 在 2s 后，将记录 B 和 C
    yield;          ← 此处，会导致另一个延迟
    console.log('D');  ← 在 3s 后，将记录 D
}
wait(example(), 1000, () => {
    console.log('Done.')  ← 在示例生成器完成任务后，将记录 Done
})
```

稍后在发牌手决定从牌盒中抽出纸牌时，使用 wait 函数。使用 yield 来延迟做出下一个决定的时间，这样就可以以动画方式显示将纸牌发送到玩家手中的过程。

26.3　将各部分代码组合在一起

现在，已经有了 cards 模块和一些必需的工具，就需要将它们放在一起，完成游戏程序。首先，导入主游戏逻辑所需的一切信息。创建文件 src/index.js，添加代码清单 26.12 所示导入。

代码清单 26.12　src/ index.js

```
import { cardTemplate } from './templates';
import { wait } from './utils';

import {
    dealerEl, playerEl, buttonsEl, updateLabel, status, render, addCard
} from './elements';

import {
    createDeck, pop, countHand, dealInitialHand, flipCardDown, flipCardUp
} from
```

这确实导入了很多内容！将逻辑划分成内聚的模块，这样将所有内容绑定在一起的胶水代码(主游戏逻辑)就会变得相对简单。将所有的内容都一起写在 utils.js 和 cards.js 文件中。templates.js 和 elements.js 主要完成与 DOM(文档对象模型)的交互。这些文件中的逻辑不会与迭代器有太多关系，因此省略了这些内容，但是你可以自由浏览这些代码。

玩纸牌游戏首先要有一副牌(deck)。因此，使用导入的函数创建一副牌，如代码清单 26.13 所示。

代码清单 26.13　src/ index.js

```
const deck = createDeck();  ← 创建有 52 张洗过的牌对象的新集合
```

现在，创建一些集合表示发牌者和玩家的手，如代码清单 26.14 所示。

代码清单 26.14   src/ index.js

```
const dealerHand = new Set();
dealInitialHand(dealerHand, deck);
flipCardDown([ ...dealerHand ][0]);    ← 将发牌手的第一张牌的面翻下

const playerHand = new Set();
dealInitialHand(playerHand, deck);
```

在此为每个玩家的手创建了新集合(Set)。使用先前创建的 **dealInitialHand** 将最初的两张牌发给每个玩家。让所有玩家的牌面朝上，这样他们就可以看清自己拿了什么牌。将发牌手的第一张牌面朝下，第二张牌面朝上，就像实际赌场的发牌手所做的一样，如图 26.2 所示。

发牌手

图 26.2   发牌手最初的牌

现在，为了生成截图，需要渲染每只手。可以使用从元素(elements)模块中导入的 render 函数完成这个任务，如代码清单 26.15 所示。

代码清单 26.15   src/ index.js

```
render(dealerEl, dealerHand);
render(playerEl, playerHand);
```

好了，这可以在屏幕上渲染初始的游戏了，但是还没有任何交互。需要写一些函数，允许用户决定拿牌(hit)还是停牌(stay)，同时需要对发牌手编程，使其做相同的事情。从发牌手开始，同时希望先前所写的 wait 函数依然留在内存中。

创建代码清单 26.16 所示生成器函数。

代码清单 26.16   src/ index.js

```
                                        如果发牌手上的牌点
将发牌手的所有牌面                        数小于玩家手上的点
翻上                                     数，继续循环
function* dealerPlay() {
    dealerEl.querySelector('.card').classList.add("flipped");
    while( countHand(dealerHand) < countHand(playerHand) ) {
        addCard(dealerEl, dealerHand, pop(deck));    ← 从牌盒中抽出另一张牌
```

```
      yield;
  }
  if ( countHand(dealerHand) === countHand(playerHand) ) {
      if (countHand(dealerHand) < 17) {
          addCard(dealerEl, dealerHand, pop(deck));
          yield;  ◀── 再次等待，对最后一张牌进行动画处理
      }
  }
}
```

如果发牌手上的牌点数与玩家手上的点数相同，如果总点数小于 17，抽出另一张牌

延迟足够长的时间，以动画形式将纸牌添加到发牌手手中

在这个生成器函数中，首先翻开发牌手的所有牌，这样玩家就可以看清发牌手有什么牌。发牌手应该继续添加牌，直到达到玩家的总分数。如果玩家爆掉了(超过 21 点)，那么在发牌手需要继续发牌之前，游戏就结束了，因此不需要担心玩家手中的点数超过 21。

一旦发牌手与玩家打成平局，如果总点数小于 17，那么发牌手应该抽另一张牌，试图取胜。如果点数等于或超过 17，再抽另一张牌风险太大，因此发牌手应该接受平局(push)。

在这个生成器函数中，每次发牌手抽出一张牌，你就使用 yield。与 26.2 节所写的 wait 函数结合使用时，可以造成延迟，在发牌者决定抽出另一张牌之前，允许纸牌以动画方式显示在屏幕上。在发牌者玩游戏时，允许纸牌以一种非常好的效果添加到屏幕上。

现在仅仅需要一个小函数，将这个生成器与 wait 函数组合，如代码清单 26.17 所示。

代码清单 26.17　src/ index.js

```
function dealerTurn(callback) {
  wait(dealerPlay(), 1000, callback);
}
```

现在，将注意力转移到用户身上。玩纸牌的用户有两个选择，拿牌(hit)或停牌(stay)，因此需要为每种情况编写一个函数。下面从拿牌(hit)开始，如代码清单 26.18 所示。

代码清单 26.18　src/ index.js

```
function hit() {
  addCard(playerEl, playerHand, pop(deck));
  updateLabel(playerEl, playerHand);
  const score = countHand(playerHand);
  if (score > 21) {
```

```
      buttonsEl.classList.add('hidden');
      status('Bust!');
    } else if (score === 21) {
      stay();
    }
  }
```

在 hit 函数中，从在一副牌(deck)中抽出牌添加到玩家手中开始，然后调用 updateLabel。如果玩家达到了 21 点或爆牌了，那么文本就会从点数分别变成"黑杰克"(blackjack)或"爆牌"(bust)。然后，检查点数，如果玩家爆牌了，那么隐藏按钮，更新游戏的状态。不过，如果玩家恰好是 21 点，那么程序自动调用 stay 函数，将控制权转给发牌者。目前还未编写 stay 函数，因此代码清单 26.19 会编写这个函数。

代码清单 26.19　src/ index.js

```
function stay() {
    buttonsEl.classList.add('hidden');  ←—— 隐藏 hit 和 stay 按钮
    dealerEl.querySelector('.score').classList.remove('hidden'); ←—— 显示发牌
                                                                      手的点数
    dealerTurn(() => {  ←—— 让发牌手完成这轮
        updateLabel(dealerEl, dealerHand);  ←—— 一旦发牌手结束操作，更新标签
        const dealerScore = countHand(dealerHand);  ｜ 计数发牌手和玩
        const playerScore = countHand(playerHand);  ｜ 家手上的点数
        if (dealerScore > 21 || dealerScore < playerScore) {
            status('You win!');  ←—— 如果发牌手的点数超过21，或低于玩家的点数，玩家获胜
        } else if (dealerScore === playerScore) {
            status('Push.');  ←—— 如果是平局，就是 push
        } else {
            status('Dealer wins!');  ←—— 否则，发牌手获胜
        }
    });
}
```

只剩下最后一步就写完游戏了。需要添加 hit 和 stay 按钮的事件监听器，如代码清单 26.20 所示。

代码清单 26.20　src/index.js

```
document.querySelector('.hit-me').addEventListener('click', hit);
document.querySelector('.stay').addEventListener('click', stay);
```

就这样，游戏写完了。现在，应该能够与计算机对弈，玩 21 点游戏了。构建游戏确实帮我意识到，当与庄家玩纸牌游戏时，取胜是多么的困难。

本课小结

这个顶点项目构建了 21 点游戏，将逻辑划分为内聚的模块。从元素模块和模板模块开始，然后创建了 cards 模块和 utils(工具)模块。cards 模块使用集合(set)表示一副牌(deck)以及手中的纸牌。同时，使用映射追踪特定的纸牌面朝上还是面朝下。一旦游戏的逻辑划分到逻辑模块中，就可以很容易、很优雅地在根索引(index)文件中，将这些部分结合起来，完成游戏。

添加 Play Again 的按钮，追踪玩家打败发牌者的概率，进一步完善这个游戏。

单元 6

类

JavaScript 是 一 种 面 向 对 象 的 语 言 。 在 JavaScript 中，除了少数原语，大多数值甚至函数，都是对象。所编写的大多数 JavaScript 代码都用于创建自定义对象。

很多时候，开发人员可能会从头开始创建自己的对象，但有时开发人员会从框架或库所提供的基本对象开始，向其中添加自定义功能。

遗憾的是，现在还没有明确的方法让库的作者提供基本对象的原型供应用程序的开发人员扩展使用。这让许多库的作者需要重复做无用功。

但没有人以同样的方式重复工作。以下是 Backbone.js 提供的扩展基本对象的方式：

```
Backbone.Model.extend({
  // …新方法
});
```

以下显示了使用 React.js 如何进行此类操作：

```
React.createClass({
```

```
    // …新方法
});
```

Backbone 提供了名为 initialize 的方法作为伪构造函数，而 React 没有提供这种方法。但在使用 createClass 创建类时，React 自动绑定了其方法。这仅仅是最基本的区别：此处只是快速比较一下两者。实践中，有数十种 JavaScript 的框架提供了基本对象，这意味着开发人员因其正在使用的库或框架不同，需要记住不同类工作方式的所有细微区别。

但现在有了类，框架作者就可以提供在语言级别可扩展的基类。这意味着，一旦学习了如何扩展某个框架的类，就可以迁移这种知识，使转换和学习新框架更加容易。

第 *27* 课

类 概 述

阅读第 27 课后，我们将：

- 了解定义类的语法；
- 知道如何实例化类，以及如何使用构造函数；
- 知道如何从模块中导出类；
- 了解类方法是没有绑定的；
- 知道如何分配类和静态属性。

    类在声明构造函数和设置其原型方面，比语法糖多了一些内容。即使引入了类，JavaScript 也不是静态类型或强类型的。[1]除了语法外，在扩展类时构造函数也体现了一些主要优势，这将在第 28 课讨论。没有一种与类一样的可以简单扩展的内置构造，许多库(如 Backbone.js、React.js 以及其他库)必须继续做一些重复性的工作，以允许扩展其基本对象。随着越来越多的库开始提供易扩展的基本 JavaScript 类，这种针对库的扩展对象将成为过去式。这意味着，一旦学会了如何使用和扩展类，就可以迅速启动当前和未来的许多框架。

---

    1 它仍然是动态类型和弱类型的语言。不过，类的确创建了简单的包含语法，用于定义包含原型的构造函数。

> **思考题：** 以下两个函数是当前 JavaScript 模式的实例化对象：工厂函数和构造函数。如果要为实例化对象设计新语法，如何改进它？
>
> ```
> const base = {
>   accel() { /* 向前*/ },
>   brake() { /* 停止 */ },
>   reverse() { /* 向后*/ },
>   honk() { /* 令人厌烦*/ }
> }
>
> function carFactory (make) {
> const car = Object.create(base);
> car.make = make;
> return car;
> }
>
> function CarConstructor(make) {
>     this.make = make;
> }
>
> CarConstructor.prototype = base;
> ```

27.1 类的声明

例如，要构建网页应用程序，需要为多个源(如用户、团队和产品)连接到若干个 API。开发人员希望创建一些存储对象，存储不同源的记录，那么可以按如下方法创建存储类，代码如下：

```
class DataStore {
  //类的主体
}
```

此处使用关键字 class，后面跟着类名(DataStore)声明了类。名称不必一定要大写，但大写是约定俗成的。在类名的后面，有一对大括号{}：类的主体，组成类的所有方法和属性都写在大括号内。

比如，在 DataStore 类中，需要名为 fetch 的方法从数据库中获得记录，可以添加一个方法，代码如下：

```
class DataStore {
  fetch() {
    //从数据库中获取记录
  }
}
```

此处,添加方法的语法与在第 12 课中所学的在对象上简写方法名的语法完全一样。不要让这个语法愚弄了:类定义不是对象,其他语法行不通。在代码清单 27.1 中,尝试创建方法会导致语法错误。

代码清单 27.1　在类中添加方法的语法不正确

```
class DataStore {
  fetch: function() {   ◀—— 语法错误
    //从数据库中获取记录
  }
}
```

在 JavaScript 中,类方法的工作方式与其他函数类似:它们接受参数,使用解构和默认值。事实上,此处不是函数的语法造成错误,而是使用了冒号(:)造成了错误。在对象字面量上,使用冒号将属性名称和属性值分开,但是类的声明不能使用冒号。另外,方法中使用 this 指的是实例,而不是类。

在类语法和对象语法之间的另一个区别是,在类中没有逗号分隔属性(对象中有冒号),代码如下:

```
class DataStore {
  fetch() {
    //从数据库中获取记录
  } ◀—— 没有用逗号分隔两种方法
  update() {
    //更新记录
  }
}
```

注意:此处没有用逗号分隔类方法。如果正在创建对象,那么需要逗号,否则就会得到语法错误。但在类声明中正好相反,添加逗号反而会导致语法错误。

快速测试 27.1　你能够找出下列代码中 car 类的两个问题吗?
```
class Car {
  steer(degree)
    // 汽车转过几度
  },
  accel(amount=1) {
    // 汽车加速了这么多
  }
  break: function() {
    //使汽车减速
  }
}
```

快速测试 27.1 答案
逗号和冒号是不允许的。

27.2 实例化类

一旦有了类定义，就可以使用 new 关键字创建类的实例：

```
const dataStore = new DataStore();
```
使用新常量(dataStore)
创建 DataStore 的实例

如果尝试不使用 new 关键字实例化类，将会得到类型错误(TypeError)：

```
const myStore = DataStore();
```
没有 new，不能调用类的
构造函数 DataStore

在创建实例时，也可以传递参数给新的类实例：

```
const userStore = new DataStore('users');
```

当然，这里有一个问题：类如何接收这些参数？在创建实例时，有一种可以自动调用的特殊方法 constructor。在创建新实例时，所给定的任何参数都会传递给这个构造函数。

```
class DataStore {
  constructor(resource) {
    //为指定资源设置 API 连接
  }
}
```

在所创建的实例的上下文中，调用了构造函数，这意味着构造函数内的 this 指的是所创建的实例，而不是类本身。构造函数是可选的，它被作为钩子对类的实例进行初始设置。构造函数的位置并不重要，但是我喜欢将其放在顶部。

27.3 节将快速浏览一下如何从模块中导出类。

快速测试 27.2 在创建下列类时，会显示什么？

```
class Pet {
  constructor(species) {
    console.log(`created a pet ${species}`);
  }
}
const myPet = new Pet('dog');
```

快速测试 27.2 答案
`"created a pet dog"`

27.3   导出类

创建 JavaScript 类时，很可能要在模块中完成。这意味着需要能够导出这些类。例如，如果要从模块中导出所创建的类 DataStore，可以编写以下代码：

```
export default class DataStore {          指定类 DataStore 作为默认导出
  //类的主体
}
```

该类被作为默认导出类导出。导入该类与导入任何其他的默认类相同；可以使用喜欢的任何名称：

```
import Store from './data_store'
```

另外，可以省略 default，使用名称导出类：

```
export class DataStore {          使用名称 DataStore 导出 DataStore 类
  //类的主体
}
```

正如你可能已经猜到的，这段代码将类命名为 DataStore 导出，必须使用此名导入：

```
import { DataStore } from './data_store'
```

在大多数情况下，可能只想在每个模块创建一个类，将其作为默认类导出。

快速测试 27.3   下面哪两种类导出是有效的？

```
export class A {
  //类的主体
}
export default class B {
  //类的主体
}
```

快速测试 27.3 答案
这两种方法都是有效的。

27.4　类方法不绑定

一些刚刚认识类的开发人员可能会惊讶地发现，类的方法不能自动绑定。比如，**DataStore** 类在内部使用 ajax 库来处理 API 调用。可能设置了一些内容，如代码清单 27.2 所示。

代码清单 27.2　使用非绑定方法作为回调

```
class DataStore {
  fetch() {
    ajax(this.url, this.handleNewRecords)    调用 ajax，指定 this.handleNewRecords
  }                                          作为回调
  handleNewRecords(records) {
    this.records = records    由于未绑定，关键字 this 不指向实例
  }
}
```

在代码清单 27.2 中，使用了 ajax 库获取记录。ajax 库有两个参数：数据加载源 URL；一旦数据加载完成要调用的回调函数。看起来似乎一切都很好，但是由于未绑定 handleNewRecords 方法，从 ajax 库调用这个方法时，this 不指向 DataStore 实例，因此记录无法正确存储。

有几种不同的方式可以解决这个问题。最简单的方式就是使用箭头函数作为回调：

```
class DataStore {
  fetch() {
    ajax(this.url, records => this.records = records)
  }
}
```

这段代码能够工作。但是如果回调函数比较复杂并且在多个地方使用，这种方法可能就不适合了。开发人员依然可以使用箭头函数，但是只能将其作为中间步骤：

```
class DataStore {
  fetch() {
    ajax(this.url, records => this.handleNewrecords(records) )
  }
  handleNewRecords(records) {
    //做一些比将现有记录合并成新记录更复杂的事情
  }
}
```

在第 28 课学习关于类的属性时，将学习另一种绑定方法。

快速测试 27.4 调用 car.delayedHonk()会导致错误，为什么？

```
class Car {
    honk() {
        this.honkAudio.play();
    }
    delayedHonk() {
        window.setTimeout(this.honk, 1000);
    }
}
const car = new Car(); car.delayedHonk();
```

快速测试 27.4 答案
由于 this.honk 被用作回调，因此没有绑定。

27.5   在类定义中设置实例属性

类还有另一方面，在编写本书时，这还只是一个提案，但已获得了大量的应用，那就是在类定义中设置实例属性。在类中设置属性(与方法不同)乍一看比较简单，但实际上，由于方法被添加到原型，属性却被分配给每个实例，这可能比最初看起来要复杂一点。

假设要设置 DataStore 的属性来确定 URL 源，还想要一个数组属性来存储实际的记录，则可以采用代码清单 27.3 所示代码。

代码清单27.3   在类中设置属性

```
class DataStore {
    url = '/data/resources';   ← 名为 url 的属性
                       ← 名为 records 的属性
    records = [];

    fetch() {
        ajax(this.url, records => this.records = records)
    }
}
console.log(DataStore.url);   ← 未定义

const store = new DataStore();
"/data/resources"
console.log(store.url);   ←   "/data/resources"
```

```
console.log(store.records.length);  ◄── 0
```

正如所见，不是类本身，而是所创建的实例可以使用属性。注意，类属性看起来像是直接在类定义中赋值。这是由于技术上来说，它们是赋值。与类方法不同，类属性是语法糖，直接在构造函数中重写。这意味着，刚才设置的 url 和 records 的赋值实际上如同在构造函数中执行它们一样：

```
class DataStore {
  constructor() {
    this.url = '/data/resources';
    this.records = [];
  }
}
```

这与类的方法不同，方法被添加到类的原型中。然后，实例可以通过原型继承来继承这些方法。但是类属性不能在原型上设置，最终在实例本身上直接设置。在原型上直接设置属性将会导致错误。下面通过一个示例来探讨其原因：

```
class DataStore {};

DataStore.prototype.records = [];

const storeA = new DataStore();

console.log(storeA.records.length);  ◄── 0

const storeB = new DataStore();

console.log(storeB.records.length);  ◄── 0

storeB.records.push('Example Record')

console.log(storeA.records.length);  ◄── 1

console.log(storeA.records[0]);      ◄── '示例记录'
```

此处直接在 DataStore 的原型(而不是实例)上设置 records 属性。由于是在原型上而不是在对象实例本身设置属性，意味着所有的实例都要使用相同的 records 数组。对象 storeB 添加了一个记录时，storeA 也接收了一条新记录。它们共享相同的记录数组。

类实例属性的一个明显好处是声明绑定方法。在27.4节中，由于 handleNewRecords 方法未绑定到实例，因此出现了一些问题。现在，可以将 handleNewRecords 声明为属性，指向箭头函数来绑定到实例：

```
class DataStore {
  fetch() {
```

```
        ajax(this.url, this.handleNewrecords)
    }
    handleNewRecords = (records) => {
        //做一些比使用现有记录合并成新记录更复杂的事情
    }
}
```

27.6 节将介绍另一种类型的类属性——静态属性。

> **快速测试 27.5**　下面的类存在一个常见的类属性语法错误，你能发现它吗？
> ```
> class Nachos {
>     toppings: ['cheese', 'jalapenos']
> }
> ```

快速测试 27.5 答案
该语法错误应该是
```
toppings = ['cheese', 'jalapenos'];
```

27.6　静态属性

类的静态属性是一种特殊类型的属性，不设置在实例上，甚至也不设置在原型上，而是设置在本身类对象(构造函数)上。对于在所有实例中都不改变的属性，应用静态属性是合理的。例如，DataStore 具有潜在的静态属性，用于在连接 API 时使用域名：

```
class DataStore {
    static domain = 'https://example.com';    ← 赋值静态属性
    static url(path) {    ← 设置静态方法
        return `${this.domain}${path}`
    }

    constructor(resource) {
        this.url = DataStore.url(resource);    ← 调用静态方法
    }
}
const userStore = new DataStore('/users');
"https://example.com/user
console.log(userStore.url);    ← "https://example.com/user
```

使用静态属性 domain 和静态方法`url`[1]在构造函数中生成来自指定资源的实例 URL。

静态属性只是语法糖,可以直接使用类本身进行赋值,如代码清单 27.4 所示。

代码清单 27.4　静态属性脱糖

```
class DataStore {
  constructor(resource) {
    this.url = DataStore.url(resource);
  }
}

DataStore.domain = 'https://example.com';
DataStore.url = function(path) {
  return `${this.domain}${path}`
}
```

本课总结了如何创建和使用类,但是对类的讨论还未结束。第 28 课将讨论如何扩展类。

快速测试 27.6　下列的哪一个 console.log 记录了实际的车轮数?

```
class Bicycle {
  static numberOfWheels = 2;
}
const bike = new Bicycle();

console.log(bike.numberOfWheels);
console.log(Bicycle.prototype.numberOfWheels);
console.log(Bicycle.numberOfWheels);
```

快速测试 27.6 答案

```
console.log(Bicycle.numberOfWheels);
```

本课小结

本课学习了如何定义和使用自己的类。

- 使用关键字 class,后跟类名和类的主体,来创建类。
- 类方法使用简写方法的语法来声明方法。

---

1 尽管在编写本书时,静态属性依然只是提案,但是在 ES2015 中已引入了静态方法。

- 类不支持使用冒号来声明属性或方法。
- 类不应该使用逗号分隔方法或属性。
- 实例化类时，执行构造函数。
- 类方法不会自动绑定到实例。

下面看看读者是否理解了这些内容：

Q27.1 使用下列构造函数和原型，并将其转换为类：

```
function Fish(name) {
  this.name = name;
  this.hunger = 1;
  this.dead = false;
  this.born = new Date();
}
Fish.prototype = {
  eat(amount=1) {
    if (this.dead) {
      console.log(`${this.name} is dead and can no longer eat.`);
      return;
    }
    this.hunger -= amount;
    if (this.hunger < 0) {
      this.dead = true;
      console.log(`${this.name} has died from over eating.`)
      return
    }
  },
  sleep() {
    this.hunger++;
    if(this.hunger >= 5) {
      this.dead = true;
      console.log(`${this.name} has starved.`)
    }
  },
  isHungry: function() {
    return this.hunger > 0;
  }
}

const oscar = new Fish('oscar');
console.assert(oscar instanceof Fish);
console.assert(oscar.isHungry());
while(oscar.isHungry()) {
  oscar.eat();
```

```
}
console.assert(!oscar.isHungry());
console.assert(!oscar.dead);
oscar.eat();
console.assert(oscar.dead);
```

第 28 课

扩 展 类

阅读第 28 课后，我们将：

- 理解如何扩展类，以创建更多自定义类；
- 了解如何使用提供基类的库；
- 理解类的继承机制；
- 理解如何使用 super 调用超类的函数。

与传统的构造函数声明相比，类提供的最好特性就是易于扩展。许多开发人员认为扩展构造函数的语法非常笨重，这使许多库的作者用自己的办法扩展库的基本对象。使用内置可扩展的类，开发人员可以学到一种在任何地方都可以使用的简单语法。然而，在 JavaScript 中扩展类时，要牢记一个关键点，那就是它们依然使用原型继承。

> **思考题**：在以下代码中，有一个 plane 对象和一个 jet 对象。从某种意义上说，由于 jet 复制了 plane 对象的所有属性，并重写了其 fly 方法，因此 jet 对象继承了 plane 对象。如果 jet 对象的 fly 方法与 plane 对象的 fly 方法有重叠的逻辑，那么该如何做才能使它们在两个方法之间共享代码？
>
> ```
> const plane = {
>   type: 'aircraft',
>   fly() {
>     // 让 plane 飞行
>   }
> }
> const jet = Object.assign({}, plane, {
>   fly() {
>     // 让 jet 飞得更快
>   }
> });
> ```

28.1 继承

继续使用第 27 课中 DataStore 的示例。假设要创建 DataStore 的自定义版本 TeamStore。TeamStore 需要 DataStore 的基本功能，但还需要一些额外的方法将用户添加到团队，或从团队中移除用户。可以扩展 DataStore 来创建 TeamStore，如代码清单 28.1 所示。

代码清单 28.1 继承类

```
class TeamStore extends DataStore {
  addUserToTeam(teamId, userId) {
    //将用户添加到团队
  }
  removeUserFromTeam(teamId, userId) {
    //从团队中删除用户
  }
}
```

代码清单 28.1 创建了新类 TeamStore，它从扩展而来。为了让 TeamStore 自 DataStore 扩展，将 DataStore 的原型附加到 TeamStore 原型链的后面。这意味着，创建 TeamStore 的实例时，原型链如下所示：TeamStore 实例委托给了 TeamStore 原型，而 TeamStore 原型反过来又委托给了所继承的 DataStore 原型。DataStore 原型委托回 Object 原型，而 Object 原型委托给了 null(见图 28.1)。

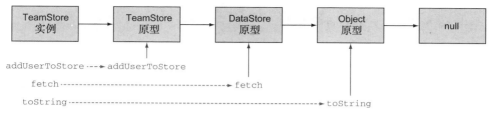

图 28.1　原型继承

在创建 TeamStore 实例，并使用实例调用方法时，如果实例没有所要的方法，就会检查 DataStore 定义的实例原型。如果还是没有找到方法，那么程序会继续沿着原型链向下寻找方法。这不是新知识：这是一直以来 JavaScript 继承的工作方式，在类中也没有改变。

快速测试 28.1　migaloo 对象的完整原型链是什么？

```
class Whale extends Animal {
    //鲸的内容
}
class Humpback extends Whale {
    //座头鲸的内容
}

const migaloo = new Humpback();
```

快速测试 28.1 答案

instance → Humpback → Whale → Animal → Object → null

28.2　super

在先前的示例中，定义 DataStore 时，构造函数接受了一个参数，这个参数表明了其所负责资源的 URL：

```
class DataStore {
  constructor(resource) {
    // 为指定的资源设置 API 连接
  }
}
```

这意味着，即使 TeamStore 总是使用相同的 URL，在创建 TeamStore 的实例时，依然需要指定资源。在 TeamStore 的构造函数中可以使用 super 来自动完成这个操作，如代码清单 28.2 所示。

代码清单 28.2　使用 super 调用超类的构造函数

```
class TeamStore extends DataStore {
  constructor() {
    super('/teams');  ◄────── 使用 super()调用 super 类的构造函数
  }
}
```

在 TeamStore 的构造函数内部，使用特殊关键字 super 调用了其父类(所扩展的类)的构造函数。这允许自动将 TeamStore 的 URL 设置为"/teams"。

在任意继承其他类的类的构造函数中，引用 this 之前，要求先调用 super:

```
class TeamStore extends DataStore {
  constructor() {
    this.url = '/teams';  ◄────── 引用错误: 未定义
    super(this.url);
  }
}
```

关键字 super 实际上并未引用任何内容。这个特殊的关键字允许调用父类的构造函数，或访问和调用父类的其他方法。比如，有一个产品商店(ProductStore)，要更新分析(analytics)对象的信息(访问了何种产品)。可以重写 DataStore 的 fetch 函数，添加额外的逻辑。但依然希望可以调用最初的 fetch 函数(重写的函数)，可以使用 super.fetch，如代码清单 28.3 所示。

代码清单 28.3　使用 super 调用父类方法

```
class ProductStore extends DataStore {
  fetch(id) {
    analytics.productWasViewed(id);
    return super.fetch(id);
  }
}
```

引用 super[name]时，可以根据父类原型中的名称访问任何属性。这里使用 super.fetch 调用了父类上的 fetch 方法。

快速测试 28.2　以下的代码有何错误?
```
class Whale extends Animal { }
class Humpback extends Whale {
  constructor() {
    this.hasHump = true;
  }
}
```

快速测试 28.2 答案
只有调用了 super()之后才可以在继承(扩展)类的构造函数中引用 this。

28.3　继承类时常见的错误

第 27 课介绍了通过设置指向箭头函数的类属性来绑定方法。

```
class DataStore {
  fetch() {
    ajax(this.url, this.handleNewrecords)
  }
  handleNewRecords = (records) => {
    // 将新记录合并到现有记录
  }
}
```

这是我见过的一般程序中常见的通用模式。使用这种方法的问题在于，handleNewRecords 不会被添加到 DataStore 的原型中，它直接被添加到所创建的实例中。这意味着不能使用 super 访问它。

如果开发人员不打算在子类中使用 super 需要调用的方法，那么这种方法还不错。否则，就需要一种新方法。因此，如何绑定方法，同时该方法依然可以通过 super 扩展和调用呢？一种方法是将其定义为实际的方法，然后在构造函数内，将方法与实例绑定，如代码清单 28.4 所示。

代码清单 28.4　能够与 super 一起工作的绑定方法的方式

```
class DataStore {
  constructor(resource) {
    //为指定资源设置 API 连接
    this.handleNewRecords = this.handleNewRecords.bind(this);    ← 将来自原型的 handleNewRecords 方法绑定到实例
  }
  handleNewRecords(records) {
    // 将新记录合并到现有记录中
  }
}

class ProductStore {
  handleNewRecords(records) {
    super.handleNewRecords(records);
    //做其他事情
  }
}
```

由于这依然将方法赋给了实例，因此行得通，但定义来自于原型上的方法。子类甚至可以使用 super 重写父类的实例方法，子类所重写的实例方法可以绑定到实例，如图 28.2 所示。

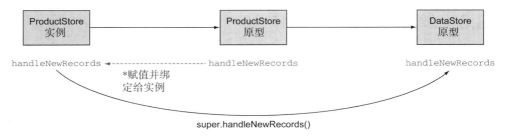

图 28.2   如何在原型链上调用 handleNewRecords 方法

> **快速测试 28.3   为什么下列代码不能工作？**
>
> ```
> class Whale {
>    dive = () => {
>       // 深入!
>    }
> }
> class Humpback extends Whale {
>    dive = () => {
>       super.dive();
>    }
> }
> ```

快速测试 28.3 答案

在实例上直接设置了两个 dive 属性，因此第二个属性完全重写了第一个属性。在原型链上没有 dive 方法，因此无法通过 super 访问此方法。

本课小结

本课学习了如何扩展类。
- 使用 extends 关键字扩展类。
- 类使用原型继承。
- 使用 super 关键字可以访问父类的构造函数和方法。
- 在子类的构造函数中，必须先调用 super，然后才能引用 this。
- 在实例上设置类属性，因此这个属性不能使用 super 访问。

下面看看读者是否理解了这些内容：

Q28.1　写一个扩展了下面 Car 类的类，添加名为 fuel 的方法，将 gas 重置为
50。另外，重写 drive 方法，接受名为 miles 的数值参数，然后在足够长的时间内
调用父类的 drive 方法，使汽车行驶这么多的公里数：

```
class Car {
  constructor() {
    this.gas = 50;
    this.milage = 0;
  }

  hasGas() {
    return this.gas > 0;
  }

  drive() {
    if(this.hasGas()) {
      this.milage++;
      this.gas--;
    }
  }
}
```

第 29 课

顶点项目：彗星游戏(Comets)

本顶点项目要构建名为 Comets 的小行星类型的游戏，如图 29.1 所示。

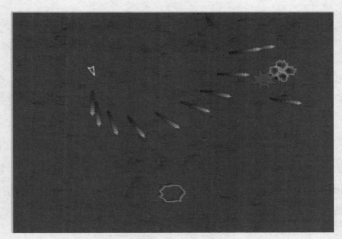

图 29.1　彗星游戏(Comets)

你有多种正当的理由创建基类或不是从任何类扩展而来的类。但我认为，在绝大多数时间内，大多数开发人员都在扩展框架(如 React.js)所提供的基类。本顶点项目使用我组织的游戏框架：此框架(与大多数框架一样)将处理大部分的移动功能，并提供了一些基类，供开发人员可以自定义，以创建独特的游戏。

注意：从包含本书所附带代码的起始(start)文件夹开始本项目。如果遇到任何问题，可以查看包含完整游戏的最终(final)文件夹。起始文件夹是已经使用 Babel 和 Browserify(参见单元 0)设置好的项目；你只需要运行 npm install，就可以设置项目。如果还未阅读单元 0，在进行本顶点项目之前，应该先去阅读。其中也包括了 index.html 文件——游戏运行的地方。它还包含所有所需的 HTML 和 CSS；一旦捆绑 JavaScript 文件，只需要在浏览器中打开它即可。Src 文件夹是放置所有 JavaScript 文件的地方，其中已经包括了一些 JavaScript 文件。dest 文件夹是在运行 npm run build 后，放置捆绑的 JavaScript 文件的地方。需要记住，在每次更改后，要运行 npm run build，编译代码。

29.1　创建可控的精灵

应该尽快让屏幕显示一些内容。确保从包含了本书随附代码的起始文件夹开始。如果打开 src 文件夹，会看到文件夹中已经有了框架(framework)文件夹和 shapes.js 文件。框架文件夹包含了游戏框架，shapes.js 文件包含了描述游戏角色的一些数组和函数。随意探索这些文件中的代码。

使用以下代码，在 src 目录下创建名为 comet.js 的文件。

基类来自所使用的游戏框架
```
import ControllableSprite from './framework/controllable_sprite';
import { ship as shape } from './shapes';    ←── 飞船来自所包括的 shapes(图形)

export default class Ship extends ControllableSprite {    ←── Ship 类扩展了可控制的 Sprite 类
    static shape = shape;    │ 设置一些
    static stroke = '#fff';  │ 静态属性
}
```

这是一个简单的类，但是由于扩展自 ControllableSprite(其本身扩展自 Sprite)，因此可以做许多事情。Sprite 类是在屏幕上所画的任何对象的基线。ControllableSprite 类使用键盘上的箭头键添加让用户控制 sprite 的功能。开发人员设置了静态属性 shape 和 stroke，这决定了 Ship 精灵(sprite)的形状。一旦你可以在屏幕上画出 Ship 精灵，使用其他形状和颜色进行实验。

几乎立即就可以看到这些 Ship(飞船)画在了屏幕上，甚至可以控制飞船。在 src 文件夹中，创建名为 index.js 的另一个文件，并添加下列代码。

```
import { start } from './framework/game';    ←── 使用框架的 start 函数启动游戏

import Ship from './ship';    ←── 导入先前创建的类
```

```
Import the class

new Ship();  ◀── 创建 ship 类的实例

start();  ◀── 启动游戏
```

这段代码也相当简单，只是创建了 Ship 类的实例，启动游戏。index.js 文件是启动游戏的源代码的根文件。如果现在编译代码，打开所包含的 index.html 文件，应该可以看见已创建的飞船(ship)。甚至可以使用箭头键移动飞船。

29.2　添加彗星

现在可以四处移动飞船，但是飞船看起来相当落寞。可以向游戏添加一些额外的角色。在 src 文件夹中，使用下列代码创建一个名为 comet.js 的文件：

```
import { CANVAS_WIDTH, CANVAS_HEIGHT } from './framework/canvas';
import DriftingSprite from './framework/drifting_sprite';
import { cometShape } from './shapes'

function defaultOptions() {  ◀── 每个彗星的默认选项
  return { size: 20,
    sides: 20,
    speed: 1,
    x: Math.random() * CANVAS_WIDTH,
    y: Math.random() * CANVAS_HEIGHT,
    rotation: Math.random() * (Math.PI * 2)
  }
}
                                          Comet(彗星)类扩展
                                          DriftingSprite 类
export default class Comet extends DriftingSprite {
  static stroke = '#73C990';
                                          使用 options 和 default
  constructor(options) {                  options 合并调用 super
    super(Object.assign({}, defaultOptions(), options));  ◀──
    this.shape = cometShape(this.size, this.sides);  ◀── 设置彗星形状
  }
}
```
构造函数接受 options

与先前两个示例相比，Comet 类更复杂一些，因此下面深入了解这里所发生的事情。在游戏框架中，为所有的 sprite 提供了初始选项(属性)，作为构造函数的参数。飞船不需要任何初始选项，但是每个彗星需要初始选项。在如何设置属性方面，sprite 是非常灵活的。它们可以是静态的，如 stroke 属性，或设置在实例上，如 shape 属性。

将一些属性设置为静态，一些属性设置在实例上，有什么目的呢？所有的彗星都具有绿色的 stroke，因此可以将此属性设置为类本身的静态属性。但是每颗彗星都具有唯一的形状，这样彗星看起来就是独立的个体，与其他彗星不同。由于每颗彗星的形状都是独特的，因此需要设置在实例上。

函数 cometShape 返回了具有给定大小和边的随机形状。通过在构造函数中调用此函数，可以确保每颗彗星都具有其独特的形状。

现在有了 Comet 类，在游戏开始之前，需要导入这个类，创建若干实例。更新 index.js 文件：

```
import { start } from './framework/game';

import Ship from './ship';
import Comet from './comet';  ←—— 导入 Comet 类

new Ship();

new Comet();
new Comet();  创建若干实例
new Comet();

start();
```

现在，如果再次捆绑代码，应该可以看见一些彗星与飞船漂浮在宇宙中。

29.3　发射火箭

显然，现在有了所有漂浮的目标物，接下来要设计射击动作！可以在屏幕上放一些火箭。首先，创建 rocket 类，在 src 文件类，使用下列代码创建名为 rocket.js 的新文件：

```
import DriftingSprite from './framework/drifting_sprite';
import { rocket } from './shapes';

export default class Rocket extends DriftingSprite {
  static shape = rocket;
  static fill = '#1AC2FB';
  static removeOnExit = true;
  static speed = 5;
}
```

这里没有什么新内容。这与彗星(comet)非常类似，当然火箭有不同的形状。也可以为火箭提供 fill 属性而不是 stroke 属性，并且还有一个新属性 removeOnExit。通常，精灵退出画面时，会重新出现在另一侧。这个属性告诉游戏，一旦精灵离开了可见的区域，就删除它。

　　现在，需要在屏幕上画一些火箭。与飞船和彗星不一样，在启动游戏之前，不想只创建一些火箭的实例，而是希望能够按照命令从飞船上发射(fire)火箭。游戏框架中提供了一些辅助函数，你可能需要这些函数完成这个任务。打开 ship.js 文件，在文件顶部添加下面的导入：

```
import { isPressingSpace } from './framework/interactions';
import { getSpriteProperty } from './framework/game';
import { throttle } from './framework/utils';
import Rocket from './rocket';
```

　　isPressingSpace 函数告诉程序，玩家是否按下了空格键。可以使用这个函数表明发射火箭的意图。在发射火箭时，要将火箭的起始位置和方向设置为与飞船相同，这样这看起来火箭就是从飞船发射的。由于精灵可以将属性存储为静态属性或实例属性，甚至方法，因此需要使用特定的辅助方法 getSpriteProperty 读取值。

　　在游戏过程中，一次又一次地重新渲染画面。在渲染前通知每个 sprite，以方法的形式使用钩子，在 sprite 上调用 next()进行自我更新。在画下一帧之前，总是在每个 sprite 上调用 next 函数，并且总是返回 sprite 本身。可以使用这个钩子，查看用户是否按下空格键，如果是，则发射火箭。问题是，每帧都渲染的非常快，我们不希望以如此快的速度发射火箭，希望速度能够慢一些。此时，就有了 throttle 函数的用武之地。给程序一个函数，返回一个阻挡(throttled)函数。下面看看如何做到这一点。将下列方法添加到飞船中：

```
next() {
  super.next();  ←── 要重写 next()，因此需要调用 super.next()

  if(isPressingSpace()) {  ←── 如果用户按下空格键，就需要发射火箭
    this.fire();  ←── 依然需要添加 this 方法
  }

  return this;  ←── next()函数总是需要返回 this
}
```

　　在此重写了 next()函数，因此需要调用 super.next()。记住，在语言层面上，说"需要"时，并非指"要求"。如果不希望父类的 next()方法也被调用，就不需要调用 super.next()。但在这种情况下，确实希望调用 super.next()。

　　仍然需要添加 fire 方法。因为需要阻挡(throttle)fire 方法，因此不能将其设置为常规方法。相反，要将其设置为指向阻挡函数的类属性：

```
export default class Ship extends ControllableSprite {
  static shape = shape;
  static stroke = '#fff';
```

```
fire = throttle(() => {   ◀——— 将阻挡函数设置为类属性
const x = getSpriteProperty(this, 'x');
const y = getSpriteProperty(this, 'y');
const rotation = getSpriteProperty(this, 'rotation');

new Rocket({ x, y, rotation });
});

...
}
```

由于 fire 被设置为属性，而不是方法，因此它没有被添加到原型中。在创建时，它被直接设置在飞船(Ship)实例上。这意味着扩展 Ship 类的任何类都不能使用 super.fire 重写 fire 方法。

装饰器(decorator)

能够阻挡fire方法的另一种方案就是将其设置为可以与super一起使用的 true 方法。这就是要和装饰器(decorator)一起使用。如今广泛使用的装饰器与实际写入 JavaScript 语言的装饰器不同。在编写本书时，没有可用的转编译供未来的装饰器使用。由于这个原因，我决定在本书中不讨论装饰器。如果想要了解更多关于装饰器的内容，阅读相关的规范：https://tc39.github.io/proposal-decorators。此外，还有一个 JavaScript 库 core-decorator，其中甚至包括了阻挡方法的装饰器。可参见网站：https://github.com/jayphelps/core-decorators.js/tree/c4d9a654093a6c02d436e4d236f4d21e3271867d#throttle。

现在，如果再次将代码捆绑在一起，启动游戏，玩家就可以按下空格键，从飞船上发射火箭。这里只有一个问题：当火箭击中彗星时，什么都不会发生！

29.4　物体碰撞时

火箭击中彗星时，开发人员不仅仅希望彗星被炸掉，还希望彗星分裂成更小的彗星。将下列方法添加到 Comet 类中：

```
multiply() {
    const x = getSpriteProperty(this, 'x');
    const y = getSpriteProperty(this, 'y');
    let size = getSpriteProperty(this, 'size');
    let speed = getSpriteProperty(this, 'speed');

    if(size < 5) {
```

```
    this.remove();     ←—— 如果彗星尺寸小于 5，就不要分解了
    return;
  }
  size /= 2;          ⎤
  speed *= 1.5;       ⎦ 减小尺寸，提高速度
  const removeOnExit = size < 5;  ←—— 如果彗星尺寸小于 5，就让它漂浮在空间中
  const r = Math.random() * Math.PI;
  const ninetyDeg = Math.PI/2;
  range(4).forEach(i => new Comet({ ←—— 将其分解成 4 个碎片
    x, y, size, speed, removeOnExit,
    rotation: r + ninetyDeg * i,
  }))
  this.remove();     ←—— 在添加了较小的碎片后，删除原来的彗星
}
```

这种方法将彗星分裂成更小、移动速度更快的碎片。此处需要使用 range 和 getSpriteProperty 方法，因此开发人员要在 comet(彗星)文件顶部导入这两个方法：

```
import { getSpriteProperty } from './framework/game';
import { range } from './framework/utils';
```

现在，彗星可以被分裂成多个碎片，但是当火箭击中彗星时，依然需要一种方式来开始这个动作。游戏框架具有内置的碰撞检测：开发人员只需要指定希望与哪种类型的精灵碰撞。打开 rocket.js 文件，将下列属性添加到 Rocket 类中：

```
export default class Rocket extends DriftingSprite {
  static collidesWith = [Comet];

  ...
}
```

通过设置这个属性，告诉游戏在与彗星相撞的任意火箭上调用 collision 方法。这意味着需要在 Rocket 类上添加 collision 方法：

```
collision(target) {  ←—— 使用碰撞到的精灵(在此种情况下，为彗星)调用 collision 方法
  target.multiply();   ←—— 告诉被火箭击中的彗星生成多个碎片
  this.remove();  ←—— 删除火箭
}
```

在 rocket(火箭)模块中，还需要导入 Comet 类。在 rocket.js 文件的顶部添加下列导入：

```
import Comet from './comet';
```

现在，可以再次构建代码，试着玩玩游戏。应该可以摧毁一些彗星。这开始看起来像一个真正的游戏了！

29.5　添加爆炸效果

好了，可以使用火箭摧毁彗星了，但是哪类火箭不会爆炸呢？接下来，开始修复这个问题。创建名为 explosion.js 的文件，添加下列代码：

```javascript
import Sprite from './framework/sprite';
import { explosionShape } from './shapes';

const START_SIZE = 10;
const END_SIZE = 50;
const SIDES = 8;

const defaultOptions = {
  size: START_SIZE
}                                          ← 爆炸不会漂移，因此需
                                             要扩展基本的 Sprite 类
export default class Explosion extends Sprite {
  constructor(options) {
    super(Object.assign({}, defaultOptions, options));
    this.shape = explosionShape(this.size, SIDES);
  }

  next() {
    this.size = this.size * 1.1;  ← 希望爆炸能够逐帧扩大尺寸
    this.shape = explosionShape(this.size, SIDES);
    this.fill = `rgba(255, 100, 0, ${(END_SIZE-this.size)*.005})`
    this.stroke = `rgba(255, 0, 0, ${(END_SIZE-this.size)*.1})`
    if (this.size > END_SIZE) {  ← 一旦爆炸达到最
      this.remove();               终尺寸，删除它
    }
    return this;                                    希望爆炸达到其
  }                                                 最终尺寸后淡出
}
```
在增加尺寸后，需要重新计算形状

此处，没有太多的新内容。在某种意义上，这与 Comet 类类似，即都设置了默认选项，使用动态形状。但在每一帧中，都要改变爆炸的形状，也要改变尺寸和透明度。一旦爆炸增长到其最终的尺寸，删除爆炸。

现在，只需要在每次火箭碰撞时，创建爆炸。在 rocket(火箭)模块中导入 explosion 类和 getSpriteProperty 辅助函数：

```
import { getSpriteProperty } from './framework/game';
import Explosion from './explosion';
```

现在，在 Rocket 类的 collision 方法内部，创建 Explosion 方法：

```
new Explosion({
  x: getSpriteProperty(this, 'x'),
  y: getSpriteProperty(this, 'y'),
});
```

现在，撞到彗星时，火箭爆炸了(不要忘记在测试前再次捆绑代码)。还可以给游戏添加一些内容，让游戏更生动，但需要将这些内容包装起来。现在还明显缺少一个部分。彗星击中飞船时，应该要发生一些事情。

在 ship.js 文件中，从游戏框架中导入 Comet 类、Explosion 类及 stop 函数：

```
import { getSpriteProperty, stop } from './framework/game';
import Comet from './comet';
import Explosion from './explosion';
```

在现有的导入中，
添加 stop 函数

现在，添加下列 collision 方法，设置与 Comet 相撞时的 Ship 方法：

```
export default class Ship extends ControllableSprite {

  ...
  static collidesWith = [Comet];

  collision() {

    new Explosion({
      x: getSpriteProperty(this, 'x'),
      y: getSpriteProperty(this, 'y'),
    });
    this.remove();

    setTimeout(stop, 500);
  }
  ...
}
```

现在，当彗星撞击飞船时，会发生爆炸，这样游戏就结束了。

本课小结

在本顶点项目中，使用类创建了游戏，扩展了框架提供的基类。扩展这些基类时，如果重写方法，则要在构造函数中使用 super。本项目使用了静态属性和实例属性，并且讨论了在函数被设置为实例属性的情况下，重写为什么不能使用 super。

我希望你在构建这个游戏时，能够与我一样，获得很多乐趣。为了进一步改进这个游戏，还可以做很多事情。可以添加多条生命或玩家失败后重新开始游戏的按钮。为了改进这个游戏，不必害怕改变框架。甚至可以让 UFO 出现，射击飞船。在 shape.js 模块中，包括了 UFO 的形状，你可以试一试。

单元 7

异步工作

JavaScript 一直是一种异步语言。由于它可以处理许多并发任务而无须锁定界面，因此成为创建丰富多彩的应用程序的最佳语言。但直到最近，JavaScript 除了能够传递此后可以调用的函数，都没有对异步性提供太多一流的支持。现在一切都变了，JavaScript 开始为 Promise(承诺量)、异步函数等都提供了支持，很快也会对 Observable(观测量)提供支持。

Promise 是表示未来值的对象。由于 Promise 与回调不一样，不依赖于计时，因此比回调函数更便于传递。如果已经检索了值，那么 Promise 能够立刻给出值，如果未检索到值，Promise 会一直等待，直到检索到值。使用回调，如果在检索到值时已经太晚，可能就不会调用回调函数了。

我们很快就会看到，Promise 也提供了工具，使复杂的异步调用变得比较容易，避免了回调地狱。

人们对异步交互感到非常头疼，难以理清头

绪，从而导致错误。阻塞操作便于思考，但是效率较低。Promise 让复杂的异步代码变得容易管理，但开发人员依然需要以异步的方式思考，却不使用异步(async)函数。异步函数允许开发人员以类似阻塞操作的方式来编写代码。

　　Promise 生成一个值后就结束了。Observable 与持续生成值的 Promise 一样。它允许开发人员将任何内容都转换为可以订阅的事件，并允许像对待对象一样对待事件，这样就可以应用高级函数，如 map 和 reduce。

第 *30* 课

promise

阅读第 30 课后，我们将：

- 使用基于 promise 的库获取异步数据；
- 为 promise 进行基本的错误处理；
- 使用 Promise.resolve 记住异步调用；
- 将若干个 promise 合并为一个。

promise 是表示最终值的对象。开发人员可以通过在 promise 上调用.then()和提供回调函数来访问最终值或未来值。promise 将最终使用这个值调用回调函数。如果 promise 依然等待值(promise 处于执行状态)，那么在 promise 使用值调用回调函数前，将会一直等待，直到值已经准备就绪或已经加载(此处，promise 进入了解析状态)。如果 promise 已解析，那么将立即调用回调函数。[1]

---

1 不是直接进行。回调函数将被添加到事件循环，类似于延迟为 0 的 setTimeout。

> 思考题：在 JavaScript 中，传统上，一旦数据准备就绪，就可以通过调用所传递的回调函数来访问异步值。由于在值准备就绪时，只有引用了回调函数的对象才能得到通知，因此这是有局限性的。如果不是传递回调函数，而是传递了某个值(表示异步值最终将变成的值)，会发生什么呢？这种工作方式如何？

30.1　使用 promise

假设开发人员使用名为 axios 的库发出 AJAX 请求，返回 promise。开发人员要使用它从 GitHub API 中加载数据，并列出指定用户的组织。可以这样发出请求：

```
axios.get('https://api.github.com/users/jisaacks/orgs')
    .then(resp => {
        const orgs = resp.data;
        // 使用 orgs 数组做一些事情
});
```

使用箭头函数，在 promise 上调用 then 函数，在请求结束后，使用 resp 调用箭头函数

Axios.get 函做出了 AJAX 请求，返回 promise

此处调用了 axios.get，返回了 promise。当 promise 解析时，从响应对象中获得数据。然后，可以使用结果做一些事情。

如果 axios 使用回调函数代替 promise，代码如下所示。

```
axios.get('https://api.github.com/users/jisaacks/orgs', resp => {
    const orgs = resp.data;
    //使用 orgs 数组做一些事情
});
```

在这个简单的示例中，似乎使用 Promise 只是比使用回调函数多了几个步骤。但当示例变得越来越复杂时，你会发现使用 promise 的代码更加灵活、更具可读性。

函数硬编码了 username。重写函数，以加载指定的用户组织：

```
function getOrgs(username) {
    return axios.get(`https://api.github.com/users/${username}/orgs`);
}

getOrgs('jisaacks').then(data => {
    const orgs = resp.data;
    //使用 orgs 数组做一些事情
});
```

此处编写了函数，接收 username，返回 promise。然后，使用该函数获取用户的组织。同样，来看看使用回调函数的代码：

```
function getOrgs(username, callback) {
  return axios.get(`https://api.github.com/users/${username}/orgs`, callback
);
}
getOrgs('jisaacks', data => {
  const orgs = resp.data;
  //使用 orgs 数组做一些事情
});
```

在这个虚拟函数中，由于 **getOrgs** 函数需要接收回调函数，以便将它传递给 Ajax 库，因此这个函数变得更为复杂。

现在，假设有一个类代表用户视图。在这个用户视图中，不会立即显示用户的组织，但为了使应用程序运行得更快，想要立刻开始加载它，预期在稍后显示它们：

```
class UserView {
  constructor(user) {
    this.user = user;
    this.orgs = getOrgs(user.username);  ◄────── 立刻开始加载用户的 orgs
  }

  defaultView() {
    //显示默认视图
  }

  orgView() {
    //显示加载屏幕
    this.orgs.then(resp=> {  ◄────── orgs 加载结束后，立即显示
      const orgs = resp.orgs;
      //显示 orgs
    })
  }
}
```

此处创建了一个名为 UserView 的类，立即开始加载用户的组织。此后，当用户视图需要显示用户组织时，用户组织已经加载还是依然在加载中，都无关紧要。无论哪种方式，用户视图都会等待，直到加载结束才显示它们——或者，如果用户组织已加载完毕，会立刻显示它们。使用传统的回调函数，实现这一点比较困难。

快速测试 30.1　以下示例使用接收了回调函数的 Ajax 函数。假设 Ajax 函数返回 promise，使用 promise 重写这个函数：

```
function handleData(data) {
  //使用数据做一些事情
}

ajax('example.com', handleData);
```

快速测试 30.1 答案

```
function handleData(data) {
    //使用数据做一些事情
}
```

30.2   错误处理

我们不是生活在完美世界中。有时候，由于网络错误或其他问题，promise
获得的数据可能失效。那么，在 promise 上的 then 方法接收可选的第二个回调函
数，如果错误发生了，可以使用错误调用这个回调函数：

```
function handleResp(resp) {
    //处理成功响应
}

ajax('example.com').then(handleData);
function handleError(err) {
    //处理错误
}

const url = 'https://api.github.com/users/jisaacks/orgs';
axios.get(url).then(handleResp, handleError);
```

如果一切按照预期正常工作，那么将使用请求的响应对象来调用 handleResp
函数。如果出现了错误，那么将使用错误来调用 handleError 函数。

这是使用 promise 处理错误的基础知识，在第 31 课介绍高级 promise 时，将
接触一些使用 promise 进行错误处理的不同技术及其陷阱。

快速测试 30.2   下面的示例使用名为 getJSON 的函数，这个函数接收了
一个具有两个参数的函数。第一个参数是可能的错误对象，第二个参数是加
载的 JSON 数据。通常只存在一个值。重写这个函数，使其基于 promise 而
不是基于回调函数：

```
getJSON('example.com/data.json', (err, json) => {
    if (err) {
        //处理错误
    } else {
        //处理 JSON
    }
});
```

快速测试 30.2 答案

```
getJSON('example.com/data.json').then(
    (json) => {
        //处理 JSON
    },
    (err) => {
        //处理错误
    }
);
```

30.3　promise 辅助函数

promise 对象有 4 个辅助方法，它们让使用 promise 工作更容易：

- Promise.resolve()
- Promise.reject()
- Promise.all()
- Promise.race()

下面先介绍 Promise.resolve()函数。该函数返回已解析的 promise。提供给
Promise.resolve 的任何参数(argument)都会经由传递给函数(提供给.then)的参数
(parameter)从 promise 返回。出于各种各样的理由，这对开发人员非常有帮助，例
如，有时希望用 promise 但却有可用的值，一般就使用这种方法。考虑一下从某
个会计程序中加载事务的场景：每当加载事务时都希望缓存事务，以便下一次请
求时不需要再次加载。最终，开发人员可以写出以下代码：

```
const transactions = {};

getTransaction(id, cb) {
    if(transactions[id]) {          如果已经有了数据,
        cb(transaction[id]);        立即调用回调函数              假设有个虚拟的
    } else {                                                      加载函数, 可以
        load(`/transactions/${id}`).then(transaction => {        直接获取数据并
            transactions[id] = transaction;                      将其返回
            cb(transaction);        如果加载了数据, 一旦有
        })                          了数据, 就调用回调函数
    }
}

getTransaction(405, transaction => {
    // 使用 transaction 做一些事情
})
```

此处使用了假想的 load 函数，从 URL 中获取数据，并直接通过 promise 返回它。getTransaction 函数有效地记住了网络的请求，这样每个事务就只需要加载一次。但这样必须求助于回调函数，从而失去了 promise 的许多好处。例如，开发人员如何为这个方法添加错误处理？在 Promise.resolve 的帮助下，重写 getTransaction 函数，使其总是返回 promise：

```
const transactions = {};

getTransaction(id) {
    if (transactions[id]) {
        return Promise.resolve(transactions[id]);  ◄─── 如果已经有了数据，使用
    } else {                                             promise.resolve 返回它
        const loading = load(`/transactions/${id}`);  ◄─── 创建 promise
        loading.then(transaction => {                        来加载事务
            transactions[id] = transaction;  ◄─── 在 promise 进行解析时，在内
        });                                           部将事务添加到缓存中
        return loading;  ◄─── 返回 Promise
    }
}

getTransaction(405).then(transaction => {
    //使用 transaction 做一些事情
}, err => {          ◄─── 现在，可以轻松地添加错误处理了
    //错误处理
})
```

现在，getTransaction 函数总是返回 promise。由于已经返回了 promise，因此可以轻松地在 getTransaction 函数外部添加错误处理，getTransaction 函数本身无须关心任何错误处理。

在调用 getTransaction 函数时，如果值已经在缓存中，那么可以使用 Promise.resolve，创建已解析的 promise，给出事务，返回该值。如果需要加载事务，首先创建 promise，加载事务。在内部一旦加载了事务，就可以将新事务添加到缓存中。也可以返回 promise，这是使用 promise 可以做的另一件事——只要开发人员喜欢，就可以多次调用 promise 上的.then。此处使用 promise 上的 loading 调用了.then，在内部将事务添加到缓存中。还可以在相同的 promise 外部调用.then，使用事务真正完成一些任务。

Promise.reject()的工作方式与 Promise.resolve()相同，只不过得到的 promise 会自动处于 rejected 状态，而不是 resolved 状态。可以将某个值传递给 Promise.reject，提供给处理程序(handler)：

```
Promise.reject('my value').then(null, reason => {
    console.log('Rejected with:', reason);  ◄─── Rejected with: my value
```

```
});
```

有时候，需要从几个不同的位置获取数据，然后在进一步处理之前，要等待加载这些数据。下面考虑构建一个新的网站，它为作者提供个人资料页面。

在个人资料页面中显示了作者的信息，列出了他所写的文章。在这些信息加载之前，要显示正在加载页面。使用 Promise.all 可以实现这个操作：

```
function getAuthorAndArticles(authorId) {
  const authorReq = load(`/authors/${authorId}/details`)
  const articlesReq = load(`/authors/${authorId}/articles`)

  return Promise.all([authorReq, articlesReq])    ← Promise.all 接收 promise
}                                                     数组，返回单个 promise

getAuthorAndArticles(37).then( ([author, articles]) => {    ←
  //加载作者(author)和文章(article)
});                                                 新的 promise 给出了先前
                                                    的 promise 中所有值的数组
```

此处创建了 promise 来加载作者和作者的文章。为 Promise.all 提供了 promise 数组，返回了单个 promise。这个新的 promise 一直在等待，直到解析了所有 promise，给出一个来自之前所有 promise 的值的数组。如果其中的任何 promise 解析失败，那么新的 promise 也会失败，同时在最先失败的 promise 处给出错误。

Promise.race 的工作方式与 Promise.all 类似：它接收了 promise 数组，返回新数组。但当提供的第一个 promise 开始解析时，这个 promise 就开始解析，给出其值。

> **快速测试 30.3**　**在下面的示例中，将显示什么数字？**
> ```
> Promise.all([
>   Promise.resolve(1),
>   Promise.reject(2),
>   Promise.resolve(3),
>   Promise.resolve(4)
> ]).then(
>   num => console.log(num),
>   num => console.log(num)
> )
> ```

快速测试 30.3 答案

2

本课小结

本课学习了使用 promise 的基础知识。

- promise 是表示最终值或未来值的对象。
- 通过将回调函数传递给 promise 上的.then 来访问值。
- 如果 promise 被拒绝，那么将向.then 提供可选的第二个回调函数，进行处理。
- 可以任意多次调用 promise 上的.then。
- 如果 promise 正在执行操作，.then 将会一直等，直到 promise 解析完毕。
- 如果 promise 已解析，.them 将获得(yield)值。
- Promise.resolve 创建了预解析的 promise。
- Promise.reject 创建了预拒绝的 promise。
- Promise.all 接收 promise 数组，等待所有 promise 解析完毕，返回新 promise。
- Promise.race 接收 promise 数组，只要第一个 promise 开始解析，就返回新 promise。

下面看看读者是否理解了这些内容：

Q30.1   比如，有 3 个端点：

1   /user/4XJ/credit_availability

2   /transunion/credit_score?user=4XJ

3   /equifax/credit_score?user=4XJ

第一个端点检查用户档案的可用信用。另外两个端点从 TransUnion 和 EquiFax 处检查用户最近的信用评分。为了渲染页面，需要等待信贷可用性和至少一个信用评分。使用任何基于 promise 的 AJAX 库，结合 promise.all 和 promise.race，创建新的 promise，来实现这个操作。

第31课

高级 promise

阅读第 31 课后，我们将：

- 创建自己的 promise；
- 将基于回调的方法与 promise 包装起来；
- 理解和使用如何正确编写嵌套的 promise；
- 理解在 promise 链中如何传播错误处理。

第 30 课学习了 promise 的基础知识。现在将深入理解创建新 promise，转换异步代码以使用 promise。还将介绍高级的错误处理，使用 promise 进行多个异步调用，以及其他高级用法。

思考题：有时候，需要进行多个异步调用获得所需要的数据。一块数据依赖于另一块数据，而这另一块数据又依赖于另一块数据。而且，所有这些数据块必须从不同的位置获取。传统上，必须使用 3 个不同错误捕获器的 3 个不同操作来处理。如果要将其转变成一个错误捕获器的单个操作，该如何操作？

31.1 创建 promise

使用函数参数 new Promise(fn)实例化新的 promise 对象，可以创建 promise。提供给 promise 的函数本身接受两个参数。第一个参数是解析(resolve)promise 的函数，第二个参数是拒绝(reject)promise 的函数：

```
const later = new Promise((resolve, reject) => {
    // 异步操作
    resolve('alligator')
});
later.then(response => {
    console.log(response);  ◄——— "alligator"
});
```

比如，要使用 JavaScript 加载图片。经典做法是创建 Image 对象，设置 src 属性，使用赋值为 onload 和 onerror 的回调函数，代码如下：

```
const img = new Image();
img.onload = () =>//加载图片时做一些事情
img.onerror = () =>//图片加载失败时，做一些事情
img.src = 'https://www.fillmurray.com/200/300';
http://www.fillmurray.com/200/300';
```

如果要将图片加载到 promise，可以将图片加载包装在 Promise 中，并分别将 onload 和 onerror 分配给解析函数 res 和拒绝函数 rej：

```
function fetchImage(src) {
    return new Promise((res, rej) => {
        const img = new Image();
        img.onload = res;
        img.onerror = rej;
        img.src = src;
    });
}
fetchImage('https://www.fillmurray.com/200/300').then(
    () => console.log('image loaded'),
    () => console.log('image failed')
);
```

在第 30 课中，介绍了 promise 对象有一些辅助方法，如 Promise.resolve 和 Promise.reject，但是如果想要让 promise 在解析之前等 5s，该怎么办？这里有一个基于 promise 的 setTimeout 简化版。事实上，可以将 promise 与 setTimeout 包装起来，创建这样一个工具：

```
function wait(milliseconds) {
  return new Promise((resolve) => {
    setTimeout(resolve, milliseconds);
  });
}

wait(5000).then(() => {
  //5 秒后...
});
```

使用这种技术，可以将任何基于回调的函数转换为 promise。比如，使用基于回调的 navigator.geolocation.getCurrentPosition 函数，这个函数接受 success 回调函数和 error 回调函数：

```
navigator.geolocation.getCurrentPosition(
  location => {
    //使用用户的地理位置做一些事情
  },
  error => {
    //处理错误
  }
)
```

可以将此包装在 promise 中：

```
function getGeoPosition(options) {
  return new Promise((resolve, reject) => {
    navigator.geolocation.getCurrentPosition(resolve, reject, options);
  });
}

getGeoPosition().then(
  () =>
    // 使用用户的地理位置做一些事情
)
```

如果接受了回调，可以将回调包装在 promise 中！

快速测试 31.1　*如何在 promise 中包装 registerUser 函数？*

```
registerUser(userData, (error, user) => {
  if (error) {
    //处理错误
```

```
    } else {
        //使用新用户做一些事情
    }
});
```

快速测试 31.1 答案

```
function registerUserAsync(userData) {
    return new Promise((resolve, reject) => {
        registerUser(userData, (error, user) => {
            if (error) {
                reject(error);
            } else {
                resolve(user);
            }
        });
    }
}
```

31.2   嵌套的 promise

在第 30 课中，介绍了如何使用返回 promise 的 AJAX 库。但其实可以使用新的 WHATWG (Web Hypertext Application Technology Working Group，Web 超文本应用程序技术工作组)的标准方法 fetch 来提出 AJAX 请求。为此，就需要使用多个 promise：

```
fetch("https://api.github.com/users/jisaacks/orgs")
    .then(resp => {
        resp.json().then(results => {
            //使用结果做一些事情
        });
    });
//
```

这开始看起来有点像回调地狱，但是实际上，这不是 promise 真正的使用方法。每次在 promise 上调用 then()时，都会返回新的 promise。这使 promise 可被链接起来：

```
fetch("https://api.github.com/users/jisaacks/orgs")
    .then(resp => resp.json())
    .then(results => {
        //使用结果做一些事情
    });
```

注意，then 不再互相嵌套，而是被链接在了一起。

在 promise 上调用 then()时，传递函数作为参数。无论此函数返回什么，都将作为链中下一个 then()的值：

```
Promise.resolve(1)
    .then(number => number + 1)  ←——— 1 + 1 = 2
    .then(number => number + 1)  ←——— 2 + 1 = 3
    .then(number => number + 1)  ←——— 3 + 1 = 4
    .then(number => {
        console.log(number)  ←——— 4
    });
```

此处有一种例外情况：如果提供给 then()的函数返回 promise，那么 then()返回的 promise 将会等待一段时间，直到 promise 解析了或拒绝(reject) 了值，然后才进行相同的操作：

```
const time = new Date().getTime();
const logTime = () => {
    const seconds = (new Date().getTime() - time);
    console.log(seconds/1000, 'have elapsed.');
}
wait(5000)
    .then(() => {
        logTime();  ←——— "have elapsed."
        return wait(5000);
    })
    .then(() => {
        logTime();  ←——— "have elapsed."
        return wait(2000);
    })
    .then(() => {
        logTime();  ←——— "have elapsed."
    });
```

此处第一个 promise 指定要等待 5s。解析完毕时，记录流逝的时间，这会得到 5.004，不过这仅仅是因为在钩子下所使用的 setTimeout 不保证准确计时。函数返回了另一个 promise，设置等待另一个 5s。因此，在链中的下一个 then()总共等待了 10s 后，进行解析。

然后，又返回要等待 2s 的另一个 promise，导致最后的 then()在等了总共 12s 后，才进行解析。

重要的是要记住，这只在 then 内部的函数返回 promise 的情况下才工作。在 then 内部不返回 promise 的情况下，不工作：

```
wait(5000)
  .then(() => {
    logTime();    ←——— "have elapsed."
    wait(5000);
  })
  .then(() => {
    logTime();    ←——— "have elapsed."
  });
```

这次过了要等待的秒数后，wait 不返回，因此在链中的下一个 then()不必等待它。

> **快速测试 31.2**　在以下编写的函数集中，每个 promise 都是嵌套的，如何使用链来重写这段代码？
>
> ```
> getUserPosition().then(position => {
>     getDestination(position).then(destination => {
>         //渲染地图
>     });
> });
> ```

快速测试 31.2 答案
```
getUserPosition()
  .then(position => getDestination(position))
  .then(destination => {
    // 渲染地图
  });
```

31.3　捕获错误

31.2 节介绍了使用多个 then()可以将 promise 链接在一起，创建更复杂的 promise。刚才也学习了 then()可以接受第二个回调函数，来处理错误。这就产生了一个问题："既然可以链接多个 then，那么需要多个错误处理程序吗？"答案是，可以有但并不需要。每当一个 promise 拒绝时，它就会通过在之前的任何 promise 向上冒泡，直到找到第一个错误处理程序：

```
Promise.resolve()
  .then(() => console.log('A'))
  .then(() => Promise.reject('X'))
  .then(() => console.log('B'))
  .then(null, err => console.log('caught:', err))
```

```
.then(() => console.log('C'));
```

该示例将记录以下内容：

- A
- caught: X
- C

注意，B 发生在拒绝之后，错误处理程序之前，因此未记录它。但是记录了发生在错误处理程序之后的 C。这是由于 promise 拒绝时，其后面的 promise 都不会解析，直到捕获到了拒绝。一旦拒绝被捕获，链中此后的任何 promise 都能够解析。

由于只关心在此步骤中如何捕获错误，因此要注意如何使用 null 作为第一个参数。此时可用一个非常方便的方法 catch。先前的示例可以写成如下代码：

```
Promise.resolve()
    .then(() => console.log('A'))
    .then(() => Promise.reject('X'))
    .then(() => console.log('B'))
    .catch(err => console.log('caught:', err))
    .then(() => console.log('C'));
```

不必使用 Promise.reject 或在 promise 内部显式调用 reject()来拒绝。任何 JavaScript 的错误都会导致拒绝(或失败)：

```
Promise.resolve()
    .then(() => { throw "My Error"; })
    .catch(err => console.log('caught:', err));    ←——— caught: My Error
```

来看看另一个示例：

```
ajax('/my-data.json')
    .then(
        res => {
            throw "Some Error";
        },
        err => {
            console.log('First catcher: ', err);    ←——— 这会捕获错误
        }
    )
    .catch(
        err => {
            console.log('Second catcher:', err);    ←——— 这会捕获错误
        }
    );
```

将这两个函数提供给 then()时，在 promise 解析的情况下，会运行第一个函数；

在 promise 拒绝的情况下，会运行第二个函数。如果在第一个函数中出现错误，那么第二个函数则捕获不到这个错误。它会向上冒泡到由 then()返回的下一个 promise，导致这个 promise 被拒绝。因此，为了捕获此错误，必须在当前的 promise 中捕获它，参见图 31.1。

这个示例包含了3个promise和两个错误捕获器

错误捕获器1只捕获来自Promise A的错误，但是Promise B抛出一个错误，因此它传播到了错误捕获器2

```
Promise A ─┤ ajax('/my-data.json')
            .then(
              res => {
                throw "Some Error";
              },
Promise B ─┤  err => {
                console.log('First catcher: ', err);  ── 错误捕获器1
              }
            )
            .catch(
Promise C ─┤  err => {
                console.log('Second catcher:', err);  ── 错误捕获器2
              }
            );
```

图 31.1   promise 的错误处理

每次调用.then 或.catch 都会返回新的 promise，这意味最终总是有潜在的 promise 可能不会被捕获。最初这引起了人们的注意，如果捕获不到 promise 中的错误，promise 就不会报告错误，就吞噬了(swallow)错误。现在，在大多数环境下这会引发未处理 promise 拒绝错误。

> **快速测试 31.3**   在下面的示例中，如果 handlerOne 抛出一个错误，哪个捕获器会捕获到这个错误？如果 handlerTwo 抛出一个错误，情况又会怎样？
>
> ```
> myPromise()
>   .then(handlerOne, catcherOne)
> .then(handlerTwo, catcherTwo)
> ```

快速测试 31.3 答案

catcherTwo 将捕获来自 handlerOne 的错误，handlerTwo 会导致未处理的 promise 拒绝。

```
if(error) {
  callback(error);
} else {
```

```
                    callback(null, [article, comments, author])
                }
            });
        }
    });
    }
});
}

getArticle(57, (error, results) => {
    if (error) {
        //显示错误
    } else {
        //渲染文章
    }
});
```

本课小结

本课学习了关于 promise 的大部分高级用法。

- 可以使用接受 resolve 函数和 reject 函数的回调，创建新的 promise。
- .catch(errCatcher)函数是.then(null, errCatcher)函数的简写。
- 每次调用.then()或.catch()，都会返回新的 promise，创建 promise 链。
- 从先前的 promise 中返回的响应或拒绝会沿着 promise 链向上冒泡。

下面看看读者是否理解了这些内容：

Q31.1　下面的 getArticle 函数是基于回调的。它还使用了同样基于回调的
load 函数。编写在 promise 中包装 load 的函数，之后重写 getArticle，使其以 promise
为基础，而不是以回调为基础：

```
function getArticle(id, callback) {
  load(`/articles/${id}`, (error, article) => {
    if (error) {
      callback(error);
    } else {
      load(`/authors/${article.author_id}`, (error, author) => {
        if (error) {
          callback(error);
        } else {
          load(`/articles/${id}/comments`, (error, comments) => {
```

第*32*课

异 步 函 数

阅读第 32 课后，我们将：
- 使用同步语法编写异步代码；
- 使用生成器编写异步代码；
- 使用异步函数编写异步代码。

JavaScript 难学的一个原因在于它的异步性。人们难以想象异步代码，但是正是这种异步性，使 JavaScript 成为强大的网页语言。网页应用程序完全是异步操作，从加载资源(asset)到处理用户输入。异步函数的作用在于使编写和思考异步代码变得容易。

> **思考题：** 到目前为止，本单元已经讨论了 promise。实践证明，它比传统使用回调的异步代码更有用。但当使用 promise 时，依然要以异步的方式进行思考，这比同步思考难多了。像 PHP 或 Ruby 这样的语言都是同步的，因此花些时间还是比较容易想明白的，但是它们是阻塞的。这意味着，它们要停止执行任何代码，阻塞任何事情的发生，直到操作结束。如果开发人员结合两者的优点编写代码，使代码看起来是阻塞的(比较容易思考)，但是依然是异步操作，那该怎么办？

32.1　使用生成器的异步代码

　　在第 18 课讨论生成器函数时，学习了如何通过获得(yield)值来创建暂停点。在代码中，每当从生成器内部 yield 某个值时，都会暂停在这个点，直到在生成器中再次调用 next()。提醒一下，在生成器上调用 next()时，能够向生成器传递某个值，然后返回 value 和表明生成器已经完成什么的 done 属性。

　　如果生成器要获得(yield)某个 promise 该怎么办？如果运行生成器的代码等待 promise 解析，然后才调用 next()函数，将 promise 解析得到的值传递回生成器，那该怎么办？如果要使用循环完成这种操作，允许生成器一次又一次地获得(yield)promise，那该怎么做？

　　编写函数，接受生成器函数，完成这个操作。不要过分深究 runner 函数。使用这个函数能做什么比其内部的工作机制更重要：

```
接受一个带参数的生成
器函数，返回新函数
   const runner = gen => (...args) => {
     const generator = gen(...args);   ← 用相同的参数调用生成器函数
     return new Promise((resolve, reject) => {   ← 返回新的 Promise
       const run = prev => {   ← 创建 run 函数
         const { value, done } = generator.next(prev);   ← 将先前值传递给生成器，同时从中获得下一个值
         if (done) {
           resolve(value);   ← 如果生成器完成动作了，使用最终值解析 promise
         } else if (value instanceof Promise) {
           value.then(run, reject);   ← 如果该值是一个 promise，当它解析时，告诉它再次调用 run
         } else {
           run(value);   ← 否则，立即再次调用 run
         }
       }
       run();   ← 调用 run，启动循环
     });
   }
```

此处有了一个确切执行刚才所讨论任务的函数。开发人员为函数提供了生成器函数，返回可以获得(yield)promise 的新函数，并且一旦 promise 得到解析，就返回所解析的值。runner 函数相当复杂，因此如果发现它很难理解，也无须担心。关键在于如何使用它。

以下示例使用 fetch 加载图片，这需要 3 个 promise：

```
fetch('my-image.png')
  .then(resp => resp.blob())
  .then(blob => createImageBitmap(blob))
  .then(image => {
    //使用图片做一些事情
});
```

如果要和 runner 函数一起使用生成器，那么所写的代码如下：

```
const fetchImageAsync = runner(function* fetchImage(url) {
  const resp = yield fetch(url);
  const blob = yield resp.blob();
  const image = yield createImageBitmap(blob);
    //使用图片做一些事情
});

fetchImageAsync('my-image.png');
```

或者，如果想让这个函数更加通用，可以像下面这样编写代码：

```
const fetchImageAsync = runner(function* fetchImage(url) {
  const resp = yield fetch(url);
  const blob = yield resp.blob();
  const image = yield createImageBitmap(blob);

  return image;
});

fetchImageAsync('my-image.png').then(image => {
    //使用图片做一些事情
});
```

使用 runner 函数包装生成器，每次获得(yield)一个 promise 时，都会从这个 promise 获得值。这允许开发人员编写看起来像是同步或阻塞的代码，但实际上依然是异步代码。

编写本书时，在这些示例中所使用的 createImageBitmap 函数仅得到最新版本的 Mozilla Firefox 和谷歌 Chrome 浏览器的支持。

快速测试 32.1　如何将下列代码转化为使用生成器和 runner 函数的代码？

```
getUserPosition()
  .then(position => getDestination(position))
  .then(destination => {
    //渲染地图
});
```

快速测试 32.1 答案

```
const renderMap = runner(function* renderMap() {
  const position = yield getUserPosition();
  const destination = yield getDestination(position);
  //渲染地图
});

renderMap();
```

32.2　异步函数概述

学习如何使用生成器、promise 和 runner 函数编写异步代码时，最棒的就是，由于异步函数仅仅是生成器+promise 方法的语法糖，因此不必学习新知识，就可以跳到异步函数。所有真正需要的是学习新的关键字。为了表明某个函数是异步函数，可以在函数前加上 async 关键字作为前缀。同时不使用关键字 yield，而使用关键字 await。仅此而已！

先前获取图像的函数，可以使用异步函数重写：

```
async function fetchImage(url) {
  const resp = await fetch(url);
  const blob = await resp.blob();
  const image = await createImageBitmap(blob);

  return image;
};

fetchImage('my-image.png').then(image => {
  //使用图片做一些事情
});
```

注意，所做出的修改并不多。不再使用生成器，也不再需要 runner 函数。仅仅需要表明函数是 async，然后执行 await promise，而不是 yield 它们。

异步函数总是会返回 promise。如果异步函数本身返回一个值，那么所返回的promise 会解析这个值。如果异步函数返回一个 promise，那么异步函数所返回的

promise 将会解析 promise 的值。这意味着可以简化 fetchImage 函数：

```
async function fetchImage(url) {
  const resp = await fetch(url);
  const blob = await resp.blob();
  return createImageBitmap(blob);
};

fetchImage('my-image.png').then(image => {
    //使用图片做一些事情
});
```

在异步函数内部，对一个 promise 执行 await 操作时，需要等待 promise 解析，然后返回 promise 的值。

快速测试 32.2　如何转换下列代码，使其使用异步函数？

```
getUserPosition()
  .then(position => getDestination(position))
  .then(destination => {
    //渲染地图
});
```

快速测试 32.2 答案

```
async function renderMap() {
  const position = await getUserPosition();
  const destination = await getDestination(position);
    //渲染地图
};

renderMap();
```

32.3　异步函数中的错误处理

如果 await 的任意 promise 拒绝了，那么可以在异步函数外部处理拒绝(rejection)，代码如下：

```
async function fail() {
const msg = await Promise.reject('I failed.');
    return 'I Succeeded.';
};
```

```
fail().then(msg => console.log(msg), msg => console.log(msg))    ◄─── "I Failed."
```

我曾经见过许多开发人员在异步函数内部使用 try-catch 语句。如果有实际的错误抛出，这是可行的。但请记住，错误会导致 promise 拒绝，但是开发人员也可以手动拒绝 promise。在后一种情况下，try-catch 语句无法捕获拒绝：

```
async function tryTest() {
  try {
    return Promise.reject('My Rejection Msg');
  } catch(err) {
    return Promise.resolve(`caught: ${err}`);
  }
}

tryTest().then(response => {
  console.log('response:', response);
});    ◄─── 未捕获(在 promise 中)My Rejection Msg
```

在这个例子中，try-catch 语句没有捕获到 Promise.reject，导致 tryTest 函数抛出 uncaught in promise 错误。

可以编写自己的 promise 包装器，使异步函数中的错误处理变得容易一些。只需要一个函数接受 promise，返回总是解析数组的新 promise。如果代码成功运行，那么第一个值将是结果。如果 promise 被拒绝，那么第二个值将是拒绝 (rejection)：

```
function rescue(promise) {
  return promise.then(
    res => [res, null],
    err => [null, err]
  );
}
```

使用这个辅助函数，可以编写 tryTest 函数，代码如下：

```
async function tryTest() {
  const [res, err] = await rescue(Promise.reject('err err'));
  if (err) {
    return `caught: ${err}`
  } else {
    return res;
  }
}

tryTest().then(response => {
  console.log('response:', response);
```

```
});   ◄──── response: caught: err err
```

想象一下：构建一个照片库，想使用 fetchImage 函数获取所有照片。在渲染照片库之前需要等待，直到所有照片加载完毕，可以使用 Promise.all 完成这个任务，但是这意味着，如果有任何图片未能加载(极有可能)，那么整个任务将会被拒绝(失败)。如果要想跳过未能加载的图片，仅仅获得成功加载的所有图片，使用异步函数：

```
async function allResolved(promises) {
  const resolved = [];   ◄──── 用来保存所有解析的值的数组
  const handlers = promises.map(promise => (
    promise
      .then(resp => resolved.push(resp))   ◄──── 在 promise 解析时，添加对数组的响应
      .catch(() => { /* skip rejects */ })   ◄──── 如果 promise 拒绝了，什么也不做
  ));
  await Promise.all(handlers);   ◄──── 等待所有的 promise 解析(或拒绝)
  return resolved;   ◄──── 返回所有的解析值
}
```

此处使用异步函数，接受 promise 数组，获得它们的所有响应，跳过所有拒绝的 promise。可以为照片库使用这个函数，代码如下：

```
const sources = ['image1.png', 'image2.png', ...];
allResolved(sources.map(fetchImage)).then(images => {
  // 使用加载的图片建立照片库
});
```

与多个 promise 一起工作的任何时候，都要考虑使用异步函数是否能够简化任务。

> **快速测试 32.3**　如果在异步函数中，await 的 promise 拒绝了，会发生什么？

快速测试 32.3 答案
如果未被捕获，从异步函数返回的 promise 将会拒绝(失败)。

本课小结

本课学习了异步函数如何工作，以及如何使用异步函数。
- 异步函数是生成器和 runner 函数的语法糖。

- 在关键字 function 之前使用关键字 async 来声明异步函数。
- 在异步函数内部，可以 await 一个 promise，获得解析值。
- 异步函数总是返回一个 promise。
- 异步函数返回的值总是由异步函数返回的 promise 解析。
- 如果在异步函数中 promise 拒绝了，那么异步函数返回的 promise 也会拒绝。

下面看看读者是否理解了这些内容：

Q32.1 以下是第 31 课练习的答案。将其转换为异步函数将会极大地简化代码，实现这个异步函数。

```
function getArticle(id) {
  return Promise.all([
    loadAsync(`/articles/${id}`),
    loadAsync(`/articles/${id}/comments`)
  ]).then(([article, comments]) => Promise.all([
     article,
    comments,
    loadAsync(`/authors/${article.author_id}`)
  ]));
}
```

第**33**课

observable

阅读第 33 课后，我们将：
- 创建自己的 observable；
- 订阅 observable；
- 使用高阶组合器函数编写新的 observable；
- 创建自己的组合器函数编写 observable。

observable 是对象，可用于订阅数据流。observable 与 promise 类似，但是 promise 只进行一次解析或拒绝，而 observable 可以持续无限次地发出新值。如果认为 promise 为单个异步数据，可以使用 setTimeout 进行包装，那么 observable 就是多个异步数据，可以使用 setInterval 进行包装。

注意：现在(编写本书时)为了使用 observable，需要一种开源实现。目前，zen-observable 是最接近规范的实现: https://github.com/zenparsing/ zen-observable。

> **思考题**：WebSocket 允许前端订阅来自后端的事件。使用 WebSocket，服务器可以在新值可用时将其推送给客户。没有 WebSocket，客户就需要持续轮询服务器，询问是否有新数据可用，从后端拉取新值项。使用 WebSocket，可以说，客户端使用服务器端来观测。如果能够使用相同的推送机制，发送新数据给任何 observer(观察者)，岂不是很好？

33.1　创建 observable

创建 observable 与创建 promise 类似，都使用了回调函数来调用构造函数。给 observable 提供的回调函数，接受 observer 作为参数，这样就可以向 observer(观察者)发送数据：

```
const myObservable = new Observable(observer => {
   //发送数据给 Observer
});
```

observer 仅仅是具有 start、next、error 和 complete 方法的对象，所有这些方法都是可选的：

- start——当 observer 订阅 observable 时，一次性通知。
- next——将 observable 指派的数据发送给 observer。
- error——与 next()类似，但是用于将错误消息发送给 observer。
- complete——observable 完成时的一次性通知。

比如,要制作一个总是显示当前时间的时钟小工具,可以制作一个 observable,持续不断地每秒发送当前时间：

```
const currentTime$ = new Observable(observer => {
  setInterval(() => {
    const currentTime = new Date();
    observer.next(currentTime);   ← 每隔 1s，通知 observer 当前的时间
  }, 1000);
});
```

可以订阅(subscribe)此 observable，代码如下：

```
const currentTimeSubscription = currentTime$.subscribe({
  next(currentTime) {
    //显示当前时间
  }
});
```

这真是太棒了，但是如果应用程序到达了某个点不想再显示当前时间了，例如用户关闭了时钟小工具或导航到不需要这个小工具的新部分，那该怎么办？当前，开发人员还无法让 setInterval 停止运行。

传递给 Observable 构造函数的回调可以返回清理函数。退订 observable 时，执行清理函数。

```
const currentTime$ = new Observable(observer => {
  const interval = setInterval(() => {
    const currentTime = new Date();
    observer.next(currentTime);
  }, 1000);

  return () => clearInterval(interval); ◄——— 退订 observable 时，运行清理函数
});
```

现在，可以成功退订 currentTime$ 这一 observable，告诉它不再运行间隔函数：

```
currentTimeSubscription.unsubscribe();
```

注意如何使用以 $ 结尾的名称命名所创建的 observable。虽然这不是必需的，却是常见的约定，表明以 $ 结尾的变量是 observable。这种变量以复数形式发音：称 currentTime$ 时，要么为 "current times"，要么为 "current time observable"。

Observable 对象也有一些方法创建 observable：Observable.of() 和 Observable.from。前者接受任意数目的参数，创建这些值的 observable。后者接受迭代对象，使用迭代对象创建 observable：

```
Observable.from(new Set([1, 2, 3])).subscribe({
  start() {
    console.log('--- started getting values ---');
  },
  next(value) {
    console.log('==> next value', value);
  },
  complete(a) {
    console.log('--- done getting values ---');
  }
});
```

此订阅将记录以下 5 个字符串：

1　--- started getting values ---

2　=　　next value 1

3　=　　next value 2

4　=　　next value 3

5　--- done getting values ---

正如所见，在通过 Observable.from(iterable)创建 observable 时，等同于
Observble.of(…iterable)。

快速测试 33.1　　在下列 observable 结束之前，发出了多少个值？

```
const a = Observable.from('ABC');
const b = Observable.of('ABC', 'XYZ');
```

快速测试 33.1 答案

```
1  3 ('A', 'B', 'C')
2  2 ('ABC', 'XYZ')
```

33.2　组合(编写)observable

关于 observable 最酷的一个方面是，可以使用高阶组合器来组合(编写)，
创建新的唯一的 observable。这意味着可以将 observable 发出的数值流视为列
表，这样就可以在数值流上运行方法，如 map 和 filter。想想在事件上应用的 lodash[1]
的威力有多大。

可以在 currentTime$这一 observable 上使用一些组合器。现在，observable 每
秒发送一个新的日期对象：

```
-[date object]-[date object]-[date object]-[date object]-
```

可以按照所希望的格式将该日期流映射为日期字符串流：

```
currentTime$.map(date => `${date.getHours()}:${date.getMinutes()}`);
```

现在，有了时间字符串流：

```
-"15:19"-"15:19"-"15:19"-"15:20"-
```

注意：这会获得重复值；事实上，每分钟会获得 60 个重复值。直到时间改变，
时钟小工具才需要得到下一个时间字符串通知，因此可以应用另一个组合器：

```
currentTime$.map(data => `${date.getHours()}:${date.getMinutes()}`).distinct();
```

---

1 https://lodash.com

现在，有了唯一的时间字符串流：

```
-"15:19"---"15:20"---"15:21"--
```

每次对 observable 应用组合器函数时，都会得到新的 observable。最初的
observable 从未改变。

observable 规范实际上不包括任何组合器函数，但是使用它们旨在组合编写
observable。但 zen-observable 和 RxJX 等库包含了若干组合器函数。

快速测试 33.2　对 number\$这一 observable 应用 map 组合器函数时，是
如何修改 number\$observable 的？

```
const number$ = Observable.from(1, 2, 3, 4, 5, 6, 7, 8, 9);
const square$ = number$.map(num => num * num);
```

快速测试 33.2 答案
number\$根本没有修改。创建新的 observable。

33.3　创建 observable 组合器

可以为所需要的任何组合器找到开源的解决方案,但是在开始编写组合器时,
理解如何创建自己的组合器,可以让你对实际上发生的事情了如指掌。创建组合
器，过滤来自 observable 的值：

```
function filter (obs$, fn) {      ◀── 接受 observable 和函数，测试值是否应该被过滤
  return new Observable(observer => obs$.subscribe({  ◀── 返回新的 observable
    next(val) {
      if (fn(val)) observer.next(val);  ◀── 如果代理值通过了过滤器的测试，
    }                                        可以从前一个 observable 转移到下
  }));                                       一个 observable
}
```

此处，有一个函数接受了现有的 observable，有一个函数测试值是否应该被过
滤掉。然后，返回了一个订阅了现有 observable 的新 observable。只有这些代理值
通过了过滤测试后，新的 observable 的代理值才来自现有的 observable。可以按如
下方式使用这个函数：

```
filter(Observable.of(1, 2, 3, 4, 5), n => n % 2).subscribe({
  next(val) {
    console.log('filtered: ', val);
```

```
    }
 });
```

此处，使用了所创建的 filter 函数过滤掉了一些数字的 observable，只留下奇数的新 observable：

```
-1-2-3-4-5-
filtered to
-1--3--5-
```

当然，一个相对完整的组合器函数也将代理 error 和 complete。为了简洁起见，省略了这些内容。

快速测试 33.3　下列组合器函数使用何种类型的操作组合编写 observable？

```
function myCombinator(obs$, fn) {
  return new Observable(observer => obs$.subscribe({
    next(val) {
       observer.next(fn(val));
    }
  }));
}
```

快速测试 33.3 答案
会执行 map 操作。

本课小结

本课学习了 observable 的基本知识。
- 通过给构造函数传递一个回调函数(接受了 Observer)创建新的 observable。
- observer 是具有 start、next、error 和 complete 方法的对象。
- 应用高阶组合器，可以组合编写 observable，创建更有针对性的 observable。
- 组合器只是订阅现有 observable、返回新 observable 的函数。

下面看看读者是否理解了这些内容：

Q33.1　创建名为 collect 的组合器函数，追踪由另一个 observable 发出的所有值，并发出到目前为止所有值的数组。然后，创建名为 sum 的另一个组合器，接受发出若干值的数组的 observable，并求这些值的和。接下来，结合这些组合器，使用 Observable.of(1, 2, 3, 4)组成新的 observable。最终的 observable 应该发出值 1、3、6 和 10。

第*34*课

顶点项目：画布画廊

本顶点项目要创建基于画布(canvas)的画廊。

画廊将从 Unsplash[1]加载随机图片，使用渐隐过渡，将图片渲染成 HTML Canvas 元素。可以使用一些 promise 来实现这一目标。可以使用 promise 和异步函数来获取图片，也可以使用 promise 协调图片之间的过渡和延迟，以及其他需要完成的连线。

注意：从包含本书所附带代码的起始(start)文件夹开始本项目。如果遇到任何问题，可以查看包含完整代码的最终(final)文件夹。起始文件夹是已经使用 Babel 和 Browserify(参见单元 0)设置好的项目。只需要运行 npm install，就可以设置项目。如果还未阅读单元 0，在进行本顶点项目之前，应该先去阅读。其中包括了 index.html 文件——游戏运行的地方。它还包含了所有所需要的 HTML 和 CSS；一旦捆绑完 JavaScript 文件，只需要在浏览器中打开它即可。src 文件夹是放置所有 JavaScript 文件的地方，其中已经包括了一些 JavaScript 文件。dest 文件夹是在运行 npm run build 后，放置捆绑的 JavaScript 文件的地方。需要记住，在每次进行更改后都要运行 npm run build，编译代码。

---

1 https://unsplash.com/license。

34.1　获取图片

既然要构建画廊，就要从编写获取图片的函数开始。可以使用一种古老的方法，即在 Image 对象上设置 src 属性：

```
function fetchImage(src, handleLoad, handError) {
    const img = new Image();
    img.onload = handleLoad;
    img.onerror = handError;
    img.src = src;
}
```

但也可以使用异步函数和新的 fetch API 来加载和创建 ImageBitmap，将其渲染到画布上：

```
async function fetchImage(url) {
    const resp = await fetch(url);        ◄──── 等待请求到指定 URL 的 promise
    const blob = await resp.blob();       ◄
    return createImageBitmap(blob);       ◄        等待使用所请求的文件创建数
}                                                  据 blob 的另一个 promise
        返回使用数据 blob 创建
   ImageBitmap 的最终 promise
```

现在，应该能够从 URL 中加载图片，最终获得 ImageBitmap 对象。由于使用了promise，因此无须担心任何成功或错误状态的回调。编写加载随机图片的函数：

```
function getRandomImage() {
    return fetchImage('https://source.unsplash.com/random');
}
```

这个函数硬编码了 URL(http://source.unsplash.com/random)，作为先前所创建的fetchImage 函数的参数。URL 将被重新定向到 Unsplash 社区的随机图片，获得免费图片。这意味着每次调用该函数时都会返回 promise，该 promise 最终会获得(yield)ImageBitmap，得到随机图片。

现在，只要愿意，就可以测试这个函数了：

```
function getRandomImage().then(imgBmp => {
    console.log('loaded:', imgBmp);
});
```

现在，可以获取随机图片，将注意力转移到将图片渲染到画布上。

34.2　在画布上绘制图片

首先，就是获得 HTML 文件中所提供的对画布对象的引用：

```
const gal = document.getElementById('gallery');  ◀── 获得对画布 HTML 元素的引用
const ctx = gal.getContext('2d');  ◀── 获得可以使用的 2D 背景，绘制图片
```

如果碰巧看过了第 29 课顶点项目中游戏框架的代码，那么这个代码看起来应该比较熟悉。每当在 HTML 画布上绘制时，必须先获取绘制 2D 或 3D 的背景。由于图片是二维对象，因此可以使用 2D 背景。

2D 背景恰好有一个名为 drawImage 的方法，它接受了 ImageBitmap，将其绘制在画布上：

```
function draw(img) {  ◀── 接受 ImageBitmap 作为参数
  const gal = document.getElementById('gallery');
  const ctx = gal.getContext('2d');
  ctx.drawImage(img,  ◀── 将 ImageBitmap 绘制到画布上
    0, 0, img.width, img.height,
    0, 0, gal.width, gal.height
  );
}
```

注意，drawImage 在接受了 ImageBitmap 后，又接受了另外 8 个参数。这些参数是：

- 源 x
- 源 y
- 源宽度
- 源高度
- 目标 x
- 目标 y
- 目标宽度
- 目标高度

可以使用源属性来定义要绘制的图片部分，使用目标属性指定绘制图片的画布部分。此处，指定了在整个画布上绘制整张图片。

在完成编码之前，还要对这个函数进行的操作是，在图片上进行过渡或衰减 (fading)操作。为了获得这种效果，首先需要使用透明度或 Alpha 通道绘制图片，然后随着时间的推移，使用稍微多一些的透明度重绘图片，生成渐强效果。需要应用多少透明度的大部分逻辑将会在另一个函数中说明。绘图函数仅仅需要能够

接受 alpha 属性，并将其应用到所绘制的图片：

```
function draw(img, alpha=1) {
   const gal = document.getElementById('gallery');
   const ctx = gal.getContext('2d');
   ctx.globalAlpha = alpha;
   ctx.drawImage(img,
      0, 0, img.width, img.height,
      0, 0, gal.width, gal.height
   );
}
```

画布背景上的 globalAlpha 属性可以应用于要绘制的任何事物上，因此在绘制图片之前设置该属性，就可以有效地在图片上应用 alpha 通道。这真是太酷了。

现在，编写函数，接受图片并制作动画，使图片逐渐消失，可以使用 draw 函数进行实际绘制。我们只需要随着时间的推移，一次又一次地绘制越来越不透明的图片版本：

```
function fadeIn(image, alpha) {
   draw(image, alpha);
   if (alpha >= .99) {          ← 如果 Alpha 值为 99%或更不
      // 我们完成了                 透明，就完成了过渡
   } else {
      alpha += (1-alpha)/24;   ← 否则，增加 Alpha 值
      window.requestAnimationFrame(() => fadeIn(image, alpha));  ←
   }                                                   然后在下一帧动画图片上，
}                                                   应用新的透明度，让图片淡入
```

这个 fadeIn 函数接受 image 和 alpha，使用 requestAnimationFrame 递归增加 alpha 值，重新绘制图片。一旦 alpha 达到了 99%或更高，就完成了。但在此处，应该做些什么呢？传统上，这是调用表明动画已经完成的回调函数的地方。但请记住，任何使用回调函数的地方也可以使用 promise。事实上，可以将所有这些内容包装在 promise 中，在动画完成时解析：

```
          fade 函数将会返回 promise，在淡入
          淡出过渡结束时，进行解析
          function fade(image) {                   定义 fadeIn 函数，
                                                   捕获闭包中的图片
       → return new Promise(resolve => {           和解析变量
            function fadeIn(alpha) {
               draw(image, alpha);  ← 使用给定的 alpha 绘制图片
               if(alpha >= .99) {
                  resolve();  ← 如果 alpha 值超过 0.99，解析 promise      如果 alpha 还没有
               } else {                                                达到 0.99，稍微增
                  alpha += (1-alpha)/24;                               加 alpha 值，安排
                  window.requestAnimationFrame(() => fadeIn(alpha));   另一次 fadeIn
```

```
        }
      }
      fadeIn(0.1);   ◄────  使用低 alpha 值，启动 fadeIn 过程
    });
  }
}
```

此处，将 fadeIn 函数包装在另一个返回 promise 的函数中。现在在动画结束后，fadeIn 函数解析了 promise。由于图片永远不会改变，因此不再需要将其传入 fadeIn 函数，fadeIn 函数将在闭包中维持此引用。由于总是希望从 0.1 开始，在 0.99 处结束，因此也不需要另一个 fade 函数接受 alpha 参数。

现在，应该能够获取随机图片，将其绘制在画布上，代码如下：

```
getRandomImage().then(fade);
```

这将获取随机图片，然后将其绘制在画布上。图片将会淡入，而不是突然冒出来。你可以自己试试！

34.3　重复过程

现在，可以获取随机图片，使其淡入到画布上，然后只需要一种方式来协调这个操作，在连续的循环中，一次又一次地重复。但你不希望在上一张图片结束后立即淡入另一张图片，而是希望能够等待 1s，允许用户在过渡到下一张图片之前观看图片。编写函数，在给定时间段后，解析 promise，代码如下：

```
function wait(ms) {
  return new Promise(resolve => {
    setTimeout(resolve, ms);
  });
}
```

这个 wait 函数接受指定需要等待的毫秒数的参数，返回在这段时间后，要解析的 promise。在函数内部，你告诉 setTimeout，在指定的毫秒数后解析 promise。现在，创建名为 pause 的函数，硬编码等待 1.5s：

```
const pause = () => wait(1500);
```

现在，可以使用 pause 函数，代码如下：

```
pause().then(() => {
  //1.5s 后所做的事情
});
```

更重要的是，现在可以创建连续的循环：

```
function nextImage() {
    return getRandomImage().then(fade).then(pause).then(nextImage);
}
```

我很喜欢此处代码的可读性——阅读函数，就可以明白函数如何动作。首先获得随机图片(get a random image)，然后淡入(fade)图片，之后暂停(pause)，接下来移到下一张图片(next image)，重新开始整个过程。

此时，可以调用 nextImage 函数观看奇妙的画廊，每隔几秒淡入随机图片。但是，如果其中一张图片加载失败，会发生什么事情呢？在当前情况下，整个程序都会停止，但很容易修复这个问题，代码如下：

```
function start() {
    return nextImage().catch(start);
}
```

你是否注意到这里所做的事情？start 函数通过调用 nextImage 启动整个动画过程。只要一切正常，nextImage 将会继续运行，加载随机图片，淡入图片。但如果出错，如某张图片加载失败——程序就能捕获(catch)这个情况，再次调用 start，启动一切事情，重新开始整个过程。由于最近加载的图片依然会显示，直到加载另一张图片，因此对于用户而言，这是无缝的。这样做很方便吧？

另外，此时可以简单地调用 start()，完成操作。这样可以顺利实现所有目的和意图。自己尝试一下。不过，确实产生了一个小小的内存泄漏。再看看那个对随机图片动画进行循环的可读性非常好的函数。

```
function nextImage() {
    return getRandomImage().then(fade).then(pause).then(nextImage);
}
```

这段代码每次运行时，这个 promise 都会被添加到现有的 promise 链中。必须按顺序向上冒泡到在 start 函数中所定义的 catch。这意味着，promise 链将变得越来越长，直到最终内存耗尽，系统崩溃。因为每隔 2s 才会增加 promise 链的长度，所以要很长的时间才能耗尽内存。尽管如此，依然需要修复这个问题。

与一次又一次地添加 promise 到相同的 promise 链中不一样，可以每次都创建新的 promise 链。但如何才能使 catch 向上冒泡呢？很简单：将所有内容包装在另一个 promise 中，如果任何内部的 promise 链拒绝(失败)了，那么外部的 promise 也拒绝(失败)：

```
function repeat(fn) {    ◄——— 接受要重复的初始函数
    return new Promise((resolve, reject) => {    ◄——— 返回新的 Promise
        const go = () => fn().then(() => {    ◄——— 创建调用传入函数的新函数
```

```
    setTimeout(go, 0); ◄─── 传入函数解析时，再次调用 go 函数
  }, reject); ◄────
                      如果传入的函数拒绝(失败)了，那么
  go(); ◄──           所返回的外部 promise 也拒绝(失败)了
});
}          启动过程
```

repeat 函数是另一个函数的代理。它所代理的函数期望返回 promise，因此 repeat 函数也需要返回 promise。在内部，repeat 函数每次解析时，将持续不断地重新调用其所代理的函数。但它不会添加到单个 promise 链上。相反，如果其中任意一个 promise 拒绝了，它将手动向上传播拒绝(rejection)给所返回的 promise。这意味着，不会有内存泄漏。

图 34.1 显示了两种方法。第一张图显示了 nextImage 函数如何使用递归的 promise。由于每个 promise 都会保留在内存中，从而错误或解析的值将能够向上冒泡到所返回的根 promise，因此链将变得越来越长。最终这条链会消耗太多的内存而崩溃。第二张可视化图显示了如何包装重复(非递归)相同 promise 链的 promise，

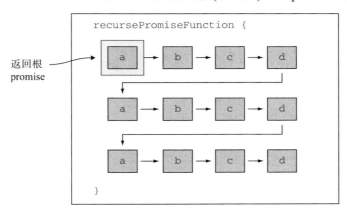

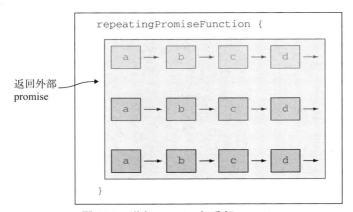

图 34.1 递归 promise 与重复 promise

但是并非将它们链接在一起，每个 promise 都与外部 promise 链接(但是仅在拒绝(失败)的情况下)，这意味着一旦内部的 promise 解析了，由于只在拒绝时才连接到外部的 promise 上，因此就不将它们保持在内存中。这样它们就不会持续叠加，导致内存泄漏。

由于现在有 repeat 函数处理重复过程，因此不再需要 nextImage 函数重复过程。对其进行修改，代码如下：

```
function nextImage() {
    return getRandomImage().then(fade).then(pause);
}
```

现在，只需要将其包装在 start 函数的 repeat 中：

```
function start() {
    return repeat(nextImage).catch(start);
}
```

最后，可以放心地调用 start：

```
start();
```

现在，有了一个画廊，可以使用过渡的方式绘制随机图片，并且自我修复，可以一直运行而不会有任何内存泄漏。可以在不需要任何库帮助的情况下做到这一点，只写了不到 100 行的代码！

本课小结

在这个最后的顶点项目中，创建了加载随机图片、在画布上过渡图片的画廊。使用了一些不同的 promise 和异步函数来完成这个任务。使用了易于维护，自我记录的代码，通过使用小的 promise，将它们连接起来，创建了解决复杂问题的优雅方案。

附录　习题答案

第 4 课

```
{
  let DEFAULT_START = 0;
  let DEFAULT_STEP = 1;

  window.mylib.range = function (start, stop, step) {
    let arr = [];
    if (!step) {
      step = DEFAULT_STEP;
    }
    if (!stop) {
      stop = start;
      start = DEFAULT_START;
    }
    if (stop < start) {
      // reverse values
      let tmp = start;
      start = stop;
      stop = tmp;
    }
    for (let i = start; i < stop; i += step) {
      arr.push(i);
    }
    return arr;
  }
}
```

第 5 课

```
{
  const DEFAULT_START = 0;
  const DEFAULT_STEP = 1;

  window.mylib.range = function (start, stop, step) {
    const arr = [];

    if (!step) {
      step = DEFAULT_STEP;
    }
    if (!stop) {
      stop = start;
      start = DEFAULT_START;
    }
    if (stop < start) {
      // reverse values
      const tmp = start;
      start = stop;
      stop = tmp;
    }
    for (let i = start; i < stop; i += step) {
      arr.push(i);
    }
    return arr;
  }
}
```

第 6 课

```
function
maskEmail(email, mask) {
  if (!email.includes('@')) {
    throw new Error('Invalid Email');
  }
  if (!mask) {
    mask = '*';
  }
  const atIndex = email.indexOf('@');
  const masked = mask.repeat(atIndex);
  const tld = email.substr(atIndex);
```

```
    return masked + tld;
}
```

第 7 课

```
function
withProps() {
  let stringParts = arguments[0];
  let values = [].slice.call(arguments, 1);
  return stringParts.reduce(function(memo, nextPart) {
    let nextValue = values.shift();
    if (nextValue.constructor === Object) {
      nextValue = Object.keys(nextValue).map(function(key) {
        return `${key}="${nextValue[key]}"`;
      }).join(' ');
    }
    return memo + String(nextValue) + nextPart;
  });
}

let props = {
  src: 'http://fillmurray.com/100/100',
  alt: 'Bill Murray'
};
let img = withProps`<img ${props}>`;
console.log(img);
// <img src="http://fillmurray.com/100/100" alt="Bill Murray">
```

第 9 课

```
function $(query) {
  let nodes = document.querySelectorAll(query);
  return {
    css: function(prop, value) {
      Array.from(nodes).forEach(function(node) {
        node.style[prop] = value;
      });
      return this;
    }
  }
}
```

第 10 课

```
// helper function (not required but removes a lot of boilerplate)
function
inherit() {
  return Object.assign.apply(Object, [{}].concat(Array.from(arguments)))
}
const PASSENGER_VEHICLE = {
  board: function() {
    // add passengers
  },
  disembark: function() {
    // remove passengers
  }
}

const AUTOMOBILE = inherit(PASSENGER_VEHICLE, {
  drive: function() {
    // go somewhere
  }
})

const SEA_VESSEL = inherit(PASSENGER_VEHICLE, {
  float: function() {
    // go somewhere
  }
})

const AIRCRAFT = inherit(PASSENGER_VEHICLE, {
  fly: function() {
    // go somewhere
  }
})

const AMPHIBIAN_AIRCRAFT = inherit(SEA_VESSEL, AIRCRAFT, {
  // do some other stuff
})
```

第 11 课

```
let {
  name: { first: firstName, last: lastName },
  address: { street, region, zipcode }
} = potus;
```

```
let [{
  name: firstProductName,
  price: firstProductPrice,
  images: [firstProductFirstImage]
},{
  name: secondProductName,
  price: secondProductPrice,
  images: [secondProductFirstImage]
}] = products
```

第 12 课

```
function
createStateManager() {
  const state = {};
  const handlers = [];
  return {
    onChange(handler) {
      if (handlers.includes(handler)) {
        return;
      }
      handlers.push(handler);
      return handler;
    },
    offChange(handler) {
      if (!handlers.includes(handler)) {
        return;
      }
      handlers.splice(handlers.indexOf(handler), 1);
      return handler;
    },
    update(changes) {
      Object.assign(state, changes);
      handlers.forEach(function(cb) {
        cb(Object.assign({}, changes));
      });
    },
    getState() {
      return Object.assign({}, state);
    }
  }
}
```

第 13 课

```
function
makeSerializableCopy(obj) {
  return Object.assign({}, obj, {
    [Symbol.toPrimitive]() {
      return Object.keys(this).map(function(key) {
        const encodedKey = encodeURIComponent(key);
        const encodedVal = encodeURIComponent(this[key].toString());
        return `${encodedKey}=${encodedVal}`;
      }, this).join('&');
    }
  });
}
const myObj = makeSerializableCopy({
  total: 1307,
  page: 3,
  per_page: 24,
  title: 'My Stuff'
});
const url = `http://example.com?${myObj}`;
```

第 15 课

```
function car(name, seats = 4) {
  return {
    name,
    seats,
    board(driver, ...passengers) {
      console.log(driver, 'is driving the', this.name)
      const passengersThatFit = passengers.slice(0, this.seats - 1)
      const passengersThatDidntFit = passengers.slice(this.seats - 1)
      if (passengersThatFit.length === 0) {
        console.log(driver, 'is alone')
      } else if (passengersThatFit.length === 1) {
        console.log(passengersThatFit[0], 'is with', driver)
      } else {
        console.log(passengersThatFit.join(' & '), 'are with', driver)
      }
      if (passengersThatDidntFit.length) {
        console.log(passengersThatDidntFit.join(' & '), 'got left behind')
      }
```

```
    }
  }
}
```

第 16 课

```
function
updateMap({ zoom, center, coords = center, bounds }) {
  if (zoom) {
    _privateMapObject.setZoom(zoom);
  }
  if (coords) {
    _privateMapObject.setCenter(coords);
  }
  if (bounds) {
    _privateMapObject.setBounds(bounds);
  }
}
```

第 17 课

```
const translator = lang => (strs, ...vals) => strs.reduce(
  (all, str) => all + TRANSLATE(vals.shift(), lang) + str
)
```

第 18 课

```
function* dates(date = new Date()) {
  for (;;) {
    yield date;
    // clone the date
    date = new Date( date.getTime() );
    // increment the clone
    date.setDate( date.getDate() + 1 );
  }
}
```

第 20 课

```
export let luckyNumber = Math.round(Math.random()*10)
export function guessLuckyNumber(guess) {
  return guess === luckyNumber
}
```

第 21 课

```
import guessLuckyNumber from './luck_numbery'

let foundNumber = false

for (let i = 1; i <= 50 i++) {
  if (guessLuckyNumber(i)) {
    console.log('Guessed the correct number in ', i, 'attempts!')
    foundNumber = true
    break
  }
}

if (!foundNumber) {
    console.log('Could not guess number.')
}
```

第 23 课

```
function
take(n, iterable) {
  i = 0
  const items = []
  for (const val of iterable) {
    items.push(val)
    i++
    if (i === n) break
  }
  return items
}

function* fibonacci() {
  let prev = 0
  let curr = 1
```

```
  while(true) {
    yield curr;
      [prev, curr] = [curr, prev + curr]
  }
}

take(10, fibonacci()) // [1, 1, 2, 3, 5, 8, 13, 21, 34, 55]

function* two() {
  yield 1
  yield 2
}

take(10, two()) // [1, 2]
```

第 24 课

```
function
union(a, b) {
  return new Set([ ...a, ...b ]);
}

function intersection(a, b) {
  const inBoth = new Set();
  for (const item of union(a, b)) {
    if (a.has(item) && b.has(item)) {
      inBoth.add(item);
    }
  }
  return inBoth;
}

function subtract(a, b) {
  const subtracted = new Set(a);
  for (const item of b) {
    subtracted.delete(item);
  }
  return subtracted;
}
function difference(a, b) {
  return subtract(
    union(a, b),
    intersection(a, b)
  );
}
```

第 25 课

```
function
sortMapByKeys(map) {
  const sorted = new Map();
  const keys = [ ...map.keys() ].sort();
  for (const key of keys) {
    sorted.set(key, map.get(key));
  }
  return sorted;
}

function invertMap(map) {
  const inverted = new Map();
  for (const [ key, val] of map) {
    inverted.set(val, key);
  }
  return inverted;
}

function sortMapByValues(map) {
  return invertMap(sortMapByKeys(invertMap(map)))
}
```

第 27 课

```
class Fish {
  hunger = 1;
  dead = false;
  born = new Date();
  constructor(name) {
    this.name = name;
  }

  eat(amount=1) {
    if (this.dead) {
      console.log(`${this.name} is dead and can no longer eat.`);
      return;
    }
    this.hunger -= amount;
    if (this.hunger < 0) {
      this.dead = true;
      console.log(`${this.name} has died from over eating.`)
```

```
      return
    }
  }

  sleep() {
    this.hunger++;
    if (this.hunger >= 5) {
      this.dead = true;
      console.log(`${this.name} has starved.`)
    }
  }

  isHungry() {
    return this.hunger > 0;
  }
}
```

第 28 课

```
class Cruiser extends Car {
  drive(miles=1) {
    const destination = this.milage + miles;
    while(this.milage < destination) {
      if (!this.hasGas()) this.fuel();
      super.drive();
    }
  }
  fuel() {
    this.gas = 50;
  }
}
```

第 30 课

```
function loadCreditAndScore(userId) {
  return Promise.all(
    ajax(`/user/${userId}/credit_availability`),
    Promise.race(
      ajax(`/transunion/credit_score?user=${userId}`),
      ajax(`/equifax/credit_score?user=${userId}`)
    )
  )
}
```

```
loadCreditAndScore('4XJ').then(([creditAvailability, creditScore]) => {
  // Do something with credit availability and credit score
})
```

第 31 课

```
function
loadAsync(url) {
  return new Promise((resolve, reject) => {
    load(url, (error, data) => {
      if (error) {
        reject(error);
      } else {
        resolve(data);
      }
    })
  });
}
function getArticle(id) {
  return Promise.all([
    loadAsync(`/articles/${id}`),
    loadAsync(`/articles/${id}/comments`)
  ]).then(([article, comments]) => Promise.all([
    article,
    comments,
    loadAsync(`/authors/${article.author_id}`)
  ]));
}
getArticle(57).then(
  results => {
    // render article
  },
  error => {
    // show error
  }
);
```

第 32 课

```
async function
getArticle(id) {
  const article = await loadAsync(`/articles/${id}`);
```

```
 const comments = await loadAsync(`/articles/${id}/comments`);
 const author = await loadAsync(`/authors/${article.author_id}`);
 return [ article, comments, author ];
}
```

第 33 课

```
function
collect(obs$) {
  const values = [];
  return new Observable(observer => obs$.subscribe({
    next(val) {
      values.push(val);
      observer.next(values);
    }
  }));
}

function sum(obs$) {
  return new Observable(observer => obs$.subscribe({
    next(arr) {
      observer.next(arr.reduce((a, b) => a + b))
    }
  }));
  }

  sum(collect(Observable.of(1, 2, 3, 4))).subscribe({
    next(val) {
      console.log('sum:', val);
  }
});
```